Ex libris Ludouici Pelee

1644

LIVRE PREMIER CONTENANT VN SOMMAIRE DES mouuemens celestes & cercles imaginés tant au Ciel, comme en la terre.

CHARLES.

I'apperceuois le liure rouge de mon pere, auquel il me monstra dernierement plusieurs figures du Ciel, & de la terre.

MARGVERITE.

Il l'a laissé sur la table quand il est allé soupper, voyons que c'est.

CHARLES.

Ceste premiere figure signifie le firmament où sont les estoilles, lequel Dieu par sa puissãce fait mouuoir D'orient en Occident, faisant sa reuolution entiere en vingt quatre heures.

Ie ne parle ici du triple mouuement du Firmament, crainte de confondre le nouueau lecteur, i'en parleray cy apres au second liure.

MARGVERITE.

Que veut dire ceste seconde figure qu'est cõme vne pomme entre-ouuerte?

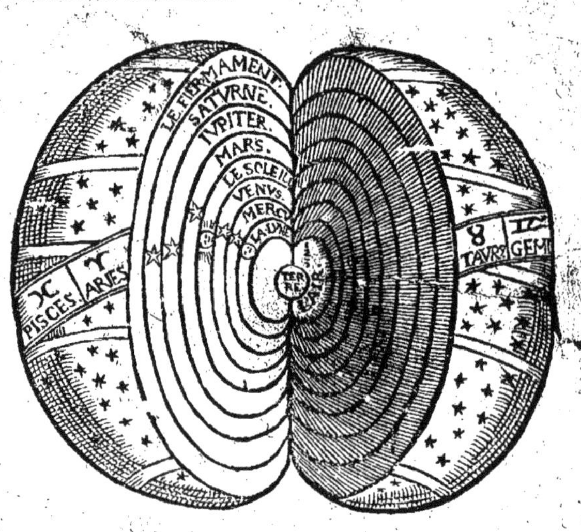

CHARLES.

Elle represente le firmament cy dessus, mais il y a vne taillade ou ouuerture par laquelle on voit tout ce qu'est cõtenu en iceluy, à sçauoir, les Cieulx ausquelz sont attachés les sept planettes.

Le premier apres le firmament est le ciel de Saturne, lequel enuironne celuy de Iupiter,

Le Ciel de Iupiter contient celuy de Mars,
Mars enuironne celuy du Soleil.
Le Ciel du Soleil tient enfermé celuy de Venus.
Lequel Ciel de Venus enuironne celuy de Mercure.
Le Ciel de Mercure contient le Ciel de la Lune,
Laquelle de son Ciel embrasse les trois regiōs de l'air, & ce petit bouton que voyons tout au milieu de la figure represente la terre.

Les Cieux sont comme les peaux d'vn oignon, duquel les premieres enueloppent les suyuantes iusques au milieu d'iceluy.

Les Babiloniens ou Caldiens, qui sont les premiers Astronomes, ont appellé les sept Planettes des noms de leurs Dieux : & depuis, les Egiptiens les ont marqué de ces marques ♄ ♃ ♂ ☉ ♀ ☿ ☾ desquelles nous vsons encores auiourdhuy.

MARGVERITE.

O que les effects de Dieu sont grans, & sa bonté infinie d'auoir manifesté à l'homme choses tāt diuines & admirables : mais ie ne puis bōnement veoir par ceste petite ouuerture le rond des cieux entierement, ie desireroye que le globe fut vn peu plus ouuert.

CHARLES.

La figure suyuante est comme vous la demandez.

Pour bien veoir ceste figure il nous faut tourner du costé de midy.

LA TERRE SVSPENDVE EN L'AIR.

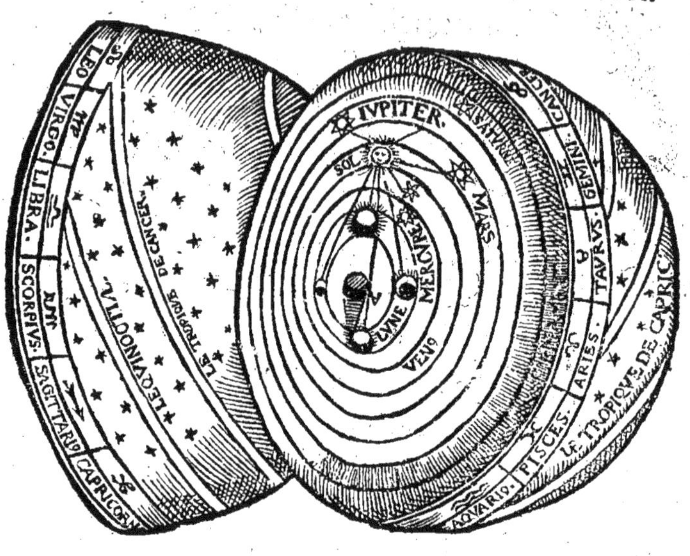

MARGVERITE.

Ie vois maintenant comme les cieux ſont contenus l'vn dans l'autre, l'air les ſuit qui enuironne la terre, laquelle eſt vn globe ou boule ſuſpendüe au milieu diceluy, àquoy tient elle?

CHARLES.

Elle ſe ſouſtient ſur ſon centre, queſt vn petit point qu'on imagine au milieu dicelle, eſtant le plus bas lieu de la terre, auquel tendent toutes choſes lourdes & peſentes, de ſorte que s'il y auoit vn trou qui par droict diametre vint à trauerſer le Globe terreſtre, de pars en pars, & que par iceluy trou on deſcendit doucement vn plomb, il ne faudroit iamais de ſarreſter au milieu de la terre, & demeureroit cōme ſuſpendu, dautãt que ſil paſſoit outre il remonteroit.

Ie dis que le plomb fut descendu doucement, dautāt qu'iceluy estant lasché en un tel precipice & tombant de roideur, il passeroit le centre de la terre & estāt esbranlé demeureroit fort long temps à s'arester au centre d'icelle.

MARGVERITE.

A ce que ie vois le Ciel tient le dessus de tous costez, & la terre le bas : la figure suyuante le nous demōstre.

CHARLES.

Vous le prenez bien : car en quelque androit de la terre où nous puissiōs estre, nous nous trouuons tousiours droicts à plomb, & nous esmerueillons comme nos antipodes, qui marchēt les pieds à l'opposite des nostres, peuuent se grimper contre la terre : ils s'estō-nent de mesme nous voyās tenir le bas ayant les pieds contre eux : bref chacun est planté droict sur la terre comme on voit en la precedente figure.

MARGVERITE.

Que veut dire ce Soleil tournāt à lentour de la terre?

CHARLES.

Il ne se leue ni se couche iamais, & va tousiours son train : quāt il nous semble qu'il se leue en France, lors il eſt midi en Turquie, & pays de leuant: quant nous contons midi, le Soleil commence à ſe monſtrer à la Floride & terres neuues, ſe couchant à ceux de Turquie: & quant nous voyons le Soleil ſe muſſer ſoubz terre, lors il commance à leuer à noz Antipodes, qui peuuent eſtre ceux qui habitent la Magellane proche les iſles infortunees, & à ceux qui ont ce meſme midi: bref le Soleil n'a ceſſe, & tourne touſiours à l'entour de la terre.

Noſtre Soleil leuant eſt le Loleil couchant de ceux qui ſont ſoubz nous, & noſtre couchant, leur leuant: quand il eſt ici midi, ils content minuict: noſtre Septentrion eſt leur midi, & noſtre midi leur Septentrion: pendant que nous auons le iour & le Soleil ſur noſtre terre, ils ont la nuict, & quant il eſt ici nuict ils ont le iour, comme on voit en la figure cy deſſus.

MARGVERITE.

A ce que ie vois le iour éclaire continuellement la moitie de la terre, & pourrions veoir de nuict le Soleil eſtant ſoubz nous aux antipodes, ſi la terre eſtoit trãſparãte comme les nuees, mais ſon cors obſcur fait vn ombre noir qui nous cauſe la nuict nous oſtant la lumiere du Soleil.

CHARLES.

La figure precedente nous monſtre cõme le Soleil treſne touſiours la nuict rendãt la terre demye eſclairee par ſa preſence, & demye obſcure lors qu'il eſt d'autre coſté.

Il eſt vn peu plus de iour que de nuict: dautant que le Soleil, qui eſt beaucoup plus grand que la terre, éclaire beaucoup plus de la moitie dicelle.

MARGVERITE.

Comme peut on ſcauoir que la terre eſt vn globe rond?

Charles

CHARLES.

On le preuue par plusieurs demonstrations, mesme par la raison cy dessus, que le Soleil & autres estoilles se leuent & se couchent plus tost aux Orientaux, qu'à ceux du costé D'occident, ce que n'aduiendroit si la terre estoit platte comme il nous semble : car il seroit aussi tost veu de nos François, que de ceux de Grece qui sont Orientaux , & se coucheroit aux vns & aux aultres en mesme instant, à cause que la terre ne feroit point de ventre, ou vossure faisant obstacle à ceux qui sont vn peu plus arriere.

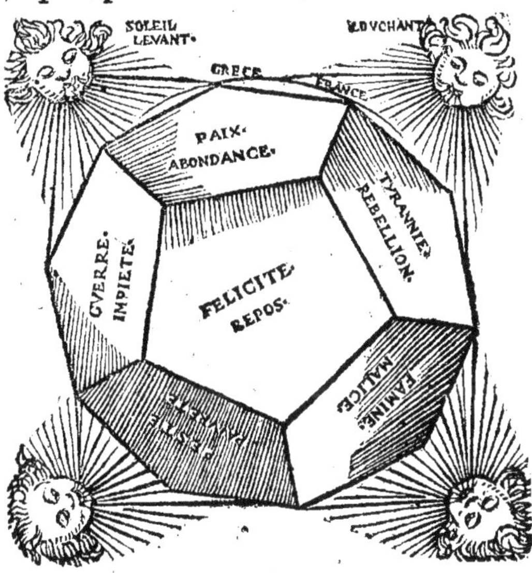

Ian de sacro busto preuue que les astres se leuent & se couchent plustost aux Orientaux qu'à ceux du costé D'occident : dautant que la mesme Eclipse de Lune que nous voyons vne heure apres le Soleil couchât, les Orientaux la voyent trois heures apres que le Soleil leur est couché : il appert par là qu'il est plustost nuict en leur pays, qu'à nous qui sommes Occidentaux : la vossure de la terre tendant en rond cause vn tel changement.

Le mesme auteur preuue aussi que la terre tend en rond de Septentrion à Midi. dautant que les Septentrionaux voyent quelques Estoilles tourner en rond à l'entour du pol arctique, & ne les perdent iamais de veüe : que si on tire de Septentriõ à midi on verra coucher les Estoilles qu'on voyoit continuellement, & en verra-on leuer d'autres qu'on n'auoit iamais veu : cela prouient de l'obstacle que nous fait la vossure de la terre tendant en rond.

On preuue aussi la rondeur de la terre par l'Eclipse de Lune : & faut noter que le globe lunaire est cõme vn miroir lequel ne peut luire s'il n'est exposé à quelque lumiere : Or la lumiere qui faict éclairer la lune sont les rayons du Soleil, comme on voit en la figure suyuante : laquelle nous demonstre aussi que la terre estant diametralement interposee entre le Soleil & la lune, suyuãt la line a, b, c, empesche que les rayons du Soleil ne peruiennent iusque au corps lunaire, luy ostant par son ombre obscur & noir la clarté prouenenãt du Soleil, & à mesure que tel ombre anticipe sur la blancheur de la Lune, elle l'obscurcit d'autant, comme nous voyons par la figure cy dessus. Or c'est ombre apparoit rond en entrant & en sortãt du corps de la lune, que nous donne certain argument que la terre est ronde puisque l'ombre en est tel, de quelque costé que l'Eclipse de la Lune se puisse faire soit en Orient, Midi, ou Occident.

La Lune est vn corps partie opac c'est à dire à trauers duquel on ne peut veoir : partie diaphane & transparent de mesme qu'vne calcidoine à trauers de laquelle on entreuoit : cest pourquoy nous voyõs auec le croissant de la lune la partye mesme qui n'est esclairee.

La terre nous semble platte, par ce que nous ne pouuõs decouurir à l'entour de nous, estans en plain pays, qu'enuiron quinze lieües Françoises, au bout desquelles nous

ne voyons qu'une couleur bleuue terminant nostre veue : Or ceste portion de terre contenant 15. lieües ne faict pas encores vn degré des 360. que la terre à de circuit, c'est pourquoy vne tant petite portion du Globe terrestre ne nous apparoit ronde, ni plus ni moins que feroit vne portion d'vn cercle partagé en 360. parties.

Si quelque vn m'allegue que les hautes montaignes & vallees peuuent empescher la rondeur de la terre, ie diray que ce n'est rien d'icelles au pris de la grandeur du globe terrestre, & telles montaignes, quelque grosses quelles soient, semblent cent fois plus petites, eu egard à la terre, & sont beaucoup moindres qu'un ciron à genoux sur vn gros bouluart ne pouuant empescher la rondeur diceluy Globe terrestre.

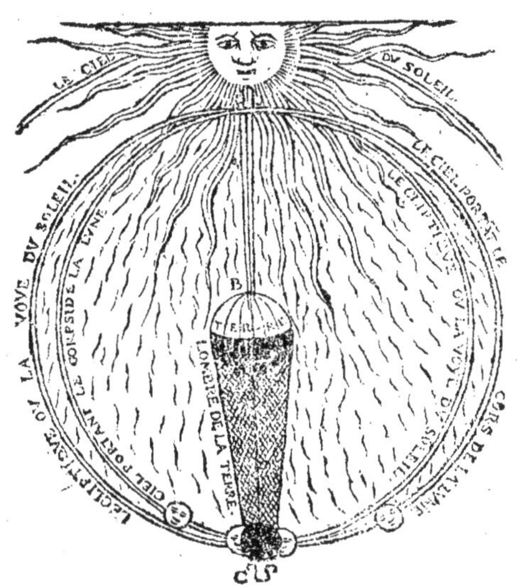

MARGVERITE.

La terre & l'eau ne font ils qu'vn globe par ensemble?

CHARLES.

Non : car l'eau est soustenüe par la terre, se conformãt du tout à la figure d'icelle, & quelque profonde que soit l'eau, si est ce qu'elle n'est comparee qu'à vn petit crespe couurant la terre au respect de lespesseur du globe terrestre.

Ian de Sacro busto preuue la rõdeur de leau par ceste raison : Supposons que la mer soit trãquile & sans brouillars, si le nauire part du port, auquel il y ayt du feu allumé sur vne haute tour, ayant eslongné de nuict iceluy port de dixhuict ou vingt lieues, ceux qui sont dans le nauire perdront de veüe ceste lumiere, s'ils montent toutesfois au dessus du mas du nauire ils la pourront veoir que nous donne argument certain que leau tend en rond faisant vne vossure comme la terre.

MARGVERITE.

Ce petit ombre que nous voyons coupper la lune en rond, en entrant & en sortant d'Eclipse, peut il estre l'ombre d'vn si grand corps que la terre?

Le corps de la lune est premierement priué de lumiere du costé de l'Orient estant sa partie Occidentalle la derniere obscurcye: le Soleil tout au contraire est obstaclé premierement en sa partie Orientale.

CHARLES.

Ouy : & fault noter que le Soleil, estant trop plus grand que la terre, esclaire plus de la moytié d'icelle, & faict que l'ombre du globe terrestre tend en piramide, & tant plus cest ombre va auant, tant plus il diminüe : de sorte qu'estant peruenu au ciel de la lune il est beaucoup plus petit que le corps terrestre qu'il represente: comme vous voyez en la figure de l'Eclipse cy dessus.

MARGVERITE.

Puisque nous sommes à parler des Eclipses, voyons en ce liure ce qui en est.

CHARLES.

Voici vne figure où on peut veoir l'Eclipse du Soleil & de la Lune.

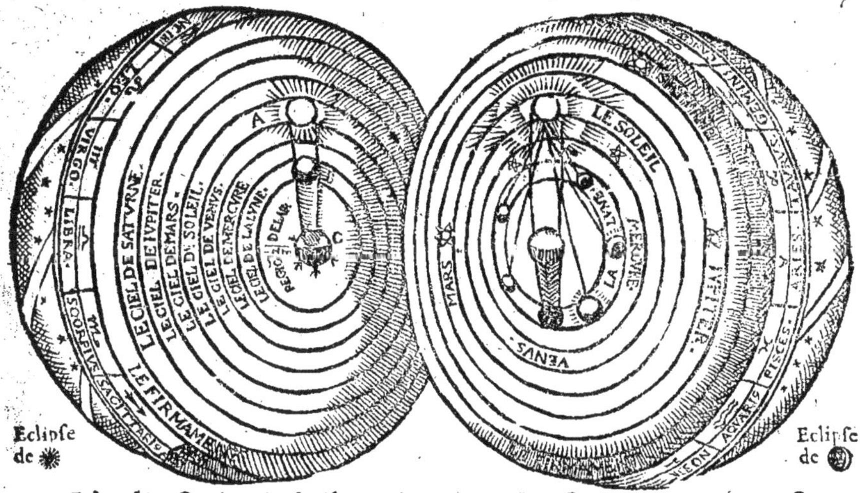

Eclipse de ☀ — Eclipse de ☾

L'eclipse du Soleil n'est autre chose que l'interposition du corps de la lune entre les rayons solaires & nous qui sommes en terre : de sorte que voyons la campaigne obscure comme s'il estoit nuict.

Quant le Soleil entre en Eclipse nous pourriõs veoir vn morceau du dernier quartier de la lune, & quant il sort d'Eclipse nous verriõs vne apparẽce de nouuelle lune, n'estoit que la clerté diceluy Soleil obscurcit la lumiere de la lune qu'est beaucoup moindre que celle du Soleil.

MARGVERITE.

Ie vois par la figure cy dessus comme la lune est beaucoup plus petite que le Soleil : comme peut elle donc l'obscurcir entierement, & empescher que ne voyons les rayons & bours d'iceluy Soleil à l'entour de l'obstacle que luy faict la lune?

CHARLES.

Le Soleil veritablement est six mil fois plus grand que la lune, mais pour cela elle ne laisse à nous oster quelque fois la veüe du Soleil entierement, à cause qu'elle eſt fort proche de noſtre eul, au reſpect du Soleil, & nous voile les yeux de pres : il ne faut donc trouuer cela eſtrange, veu que nous pouuons, en mettant vn chappeau deuant noz yeux, nous oſter la veüe d'vn paiſage qui ſera cent mil fois plus grand que le chappeau : nous voyons auſſi qu'auec la main nous pouuons, conſeruant noſtre veüe, empeſcher l'ardeur & clairté d'un feu qui ſera douze fois plus grand que la main.

MARGVERITE.

Si eſt ce qu'il eſt difficile à croire qu'un petit corps, cõme eſt la lune puiſſe oſter entierement la lumiere du Soleil à la terre, laquelle eſt quarante fois plus grãde.

CHARLES.

Quant ie dis que la lune peut oſter quelque fois la veüe du Soleil entieremẽt, i'entens à ceux qui ſont en vn meſme climat & region, ie ne dis pas quelle puiſſe oſter les rayons Solaires à tous les climatz de noſtre emiſphere à vne meſme heure: car le Soleil peut eſtre veu par ceux qui ſont eſloignez de l'androit ou ſe faict directement l'Eclipſe: comme on voit en la figure ſuyuante.

Ceux D'occidẽt appercoiuẽt premiers l'Eclipſe de Soleil que ceux d'Orient. La vraye Eclipſe de Soleil ſe faict en la ligne de midi : car lors on voit, eſtant en la zone torride, la lune directemẽt interpoſee entre le Soleil & le centre de la terre. Si l'Eclipſe ne ſe faict droict en la ligne de midi, lors la lune ne repond de droite line au centre de la terre, mais eſt ſeulemẽt interpoſee entre noſtre eul, qu'eſt ſur la ſuperficie dicelle terre, & le corps du Soleil: & encores qu'ils ſemblẽt eſtre interpoſez en droicte line ſi eſt ce qu'icelle line eſt abuſiue ne tombant droict au centre de la terre, mais ſur la ſuperficie dicelle, droict à noſtre eul, laquelle line on appelle paralaxe ceſt à dire abuſiue. Nous ne pouuons veoir en ces quartiers la vraye Eclipſe de Soleil.

MARGVERITE.

Ie cognois maintenãt que le Soleil ne peut perdre ſa clairté, leclipſe d'iceluy n'eſtãt autre choſe que l'obſtacle du corps de la lune interpoſé entre noſtre eul & le Soleil. Ie vois auſſi que telle Eclipſe ne peut eſtre vniuerſelle: par ce que la lune qui cauſe l'empeſchement eſt trop plus petite que le Soleil, & que la terre.

CHARLES.

Ouy certainement, & fault noter que l'Eclipſe de Soleil n'eſt pas vrayement Eclipſe, mais pluſtoſt vne conionction corporelle auec la lune. Quant à l'Eclipſe de la lune, elle eſt proprement ainſi appellee, dautant qu'elle pert ſa clairté, & telle Eclipſe eſt generalle par tout le monde: l'Eclipſe de Soleil auient touſiours en default de lune, & l'Eclipſe de lune lors qu'elle eſt en ſon plain.

MARGVERITE.

Puiſque nous auons tous les mois pleine lune, & defaut, d'ou vient que nous n'auons auſſi Eclipſe de Soleil, & Eclipſe de lune?

CHARLES.

Parce que ces deux planetes ne tiennent vn meſme

chemin & voye, s'écartant la lune tantost du costé du midi, tantost deuers Septentrion: & ny à que deux points esquelz se fôt les Eclipses du Soleil & de la lune, qu'on nomme le chef, & la queüe du Dragon, par lesquelz la lune passe veritablement tous les mois, mais elle ny rencontre pas tousiours le Soleil : Or est il necessaire que l'vn & l'autre se rencontre en ces androis là, ou il ne se fera iamais Eclipse.

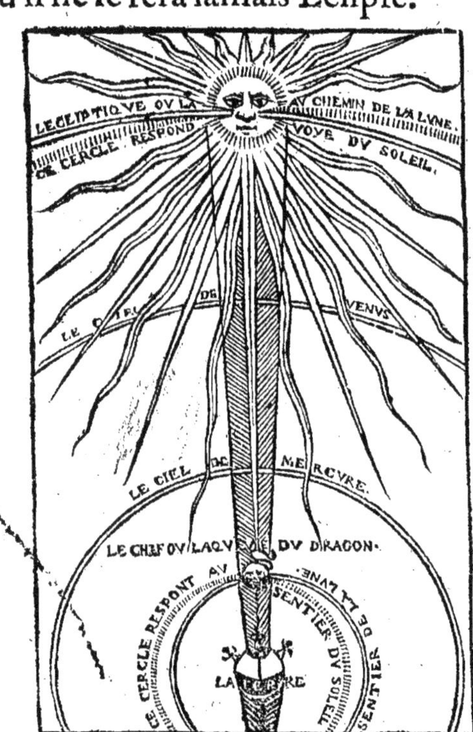

Si les cieux du Soleil & de la lune auoient de mesmes pols, ou piuotz, leur chemin seroit de mesme, & se feroit Eclipse de Soleil & de lune tous les mois: mais dautant que les piuotz du ciel de la lune sont distãt de 5. degré de ceux du Ciel du Soleil c'est pourquoy

pourquoy la lune s'écarte d'autant de l'Ecliptique ou chemin du Soleil, tantost du costé de midi, par fois vers Septentrion coupant icelle ecliptique és endrois des points susdis ☊ ☋ n'estant icelle lune eclipsee à toutes ses reuolutions.

MARGVERITE.

Qu'est ce à dire le chef & la queüe du Dragon?

CHARLES.

C'est vn furieux nom que les premiers Astronomes ont donné à l'vn & l'autre de ces points, esquelz la voye du Soleil & de la lune s'entrecoupent, ne resemblans en façon quelconque aux Dragons, mais plus tost à deux croissans comme nous voyõs en la figure suyuante. Le chef du Dragõ est signifié par ceste notte ici ☊ qu'on nõme le poin Borreal: cest à dire le poin par lequel passe la lune tirant à trauers l'ecliptique au Septentrion: & la queüe du Dragon est signifiee par ceste notte ☋ qu'on nomme le poin austral, par lequel la lune passe tirant de Septentrion à Midi. Ces deux poins sont subiectz à changement n'estans tousiours en mesme lieu.

Lexcentrique ou ciel pourtant le corps du Soleil guide icelluy Soleil suyuant lecliptique & l'equateur de la lune respõdant à l'vn & à l'autre: & à la verité le Soleil les descrit de son centre, dessus & dessoubz & ne sont que cercles imaginaires.

L'equateur de la Lune est ce cercle que voyez concentrique à la terre & respond à l'Ecliptique, ou la voye du Soleil. On le nomme equateur, dautant que la lune estant peruenue à l'androit de ce cercle, lors qu'elle est es poins Ecliptiques, tourne egalemẽt entre Midi & Septentrion n'ayant plus de latitude.

Dautant que les mouuemens du Soleil & de la Lune sont inegaux: ces deux poins Ecliptiques changent de place, & de signes se mouuans cõtre l'ordre d'iceux, d'Oriẽt en Occident, faisans leur reuolution par tous les signes du zodiac en dix-neuf ans, ou enuiron.

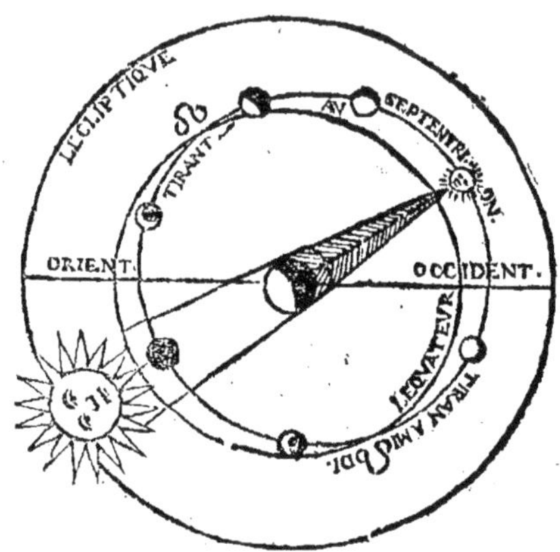

MARGVERITE.

Laiſſons ces poins ecliptiques à ceux qui deſirent d'apprendre la theorye des planetes, ie deſire ſcauoir ſeulemẽt que ceſt du defaut de la lune, & de l'accroiſſance & declin d'icelle.

CHARLES.

La figure ſuyuante vous monſtre les changemens de la lune, à ſçauoir le defaut, ou nouuelle lune, Premier quartier, Pleine lune, & Dernier quartier.

La Lune nouuelle monſtre ſes cornes vers Orient, & la vielle vers Occident.

Si noſtre œul eſtoit poſé à l'androit du Soleil, du coſté du Ciel, nous verrions touſiours la Lune plaine, ceſt à dire ſon demy globe eſclairé: & toutesfois eſtans en terre, nous voyons la figure l'vnaire ſe changer de iour en autre. Or pour repreſenter à l'eul comme cela ſe fait, nous monterõs au deſſus de quelque vif bien haute, où eſtãs nous paſſerons les bras par quelque feneſtre & les manirons en rond tournant vne perche au bout de laquelle y aura vne balle ronde argentee ou reueſtue de pieces de miroir; & ferõs en ſorte quelle ſoit toute luiſante & bien arreſtee au bout de ladicte perche: puis nous donnerons ordre que quelqu'vn eſtant au bas de ladicte vif, & à l'androit de nous, tienne vn gros fallot allumé: a lors nous qui ſommes en haut nous verrons ceſte balle argentee, tantoſt cornue, tantoſt repreſenter vne demye aſſiete d'argent, tantoſt l'aſſiete entiere, & celuy qui tiendra le fallot verra touſiours vne figure, comme vne aſſiete d'argent ronde & entiere.

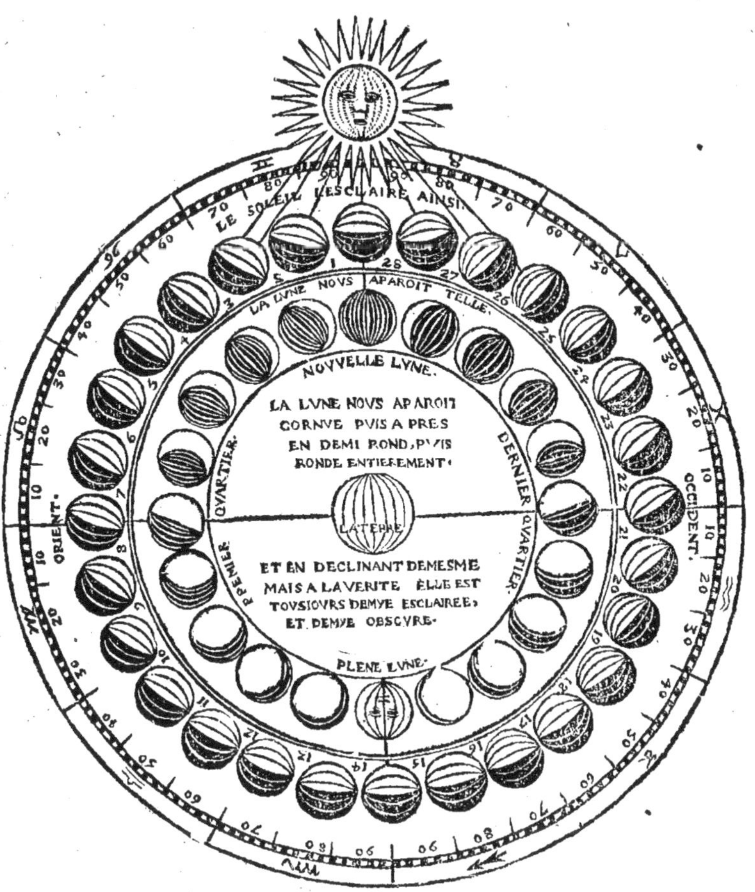

Il faut noter, comme i'ay dict cy deuant, que la lune est vn globe, ou boulle ronde, laquelle comme vn miroir reçoit les rayons du Soleil, & ne luit que d'vne lumiere empruntee, estant la moitié du globe lunaire, qui est du cousté du Soleil, tousiours esclairee, & l'autre partye, à l'opposite tousiours obscure.

MARGVERITE.

Puiſque la lune eſt moitié luiſante, & moitié ſans clairté, d'où vient que nous la voyons chacun iour prēdre nouuelle forme, tantoſt pleine, tātoſt cornue, puis inuiſible?

CHARLES.

Cela vient à cauſe des diuers regars & aſpectz qu'a la Lune au Soleil: car lors quelle eſt en defaut, ou nouuelle, la partye du globe lunaire, qui regarde le ciel, & le Soleil, eſt éclairee entierement: & nous qui ſōmes en terre nous ne voyōs que la moitie du globe, laquelle eſt ſans clairté que nous appellons defaut de lune en terre, ou nouuelle lune: Quant la lune ſe retire vn peu arriere du Soleil lors ſa lumiere acroit en terre, & diminüe du couſté du Ciel: & quant le Globe lunaire eſt élōgné du Soleil de trois ſignes, qu'eſt vn quartier, nous voyōs la moitié de ce qu'eſt eſclairé, & la moitié de l'obſcur: Quāt la lune eſt fort éloingnee du Soleil & que la partye de ſon corps, qui regarde la terre, eſt directement oppoſee aux rayons Solaires, ceſt alors que voyons entierement le demi globe éclairé, que nous appellons pleine lune, alors l'autre demy Globe, du coſté du Ciel, eſt du tout deſtitué de lumiere monſtrāt vn defaut de lune à l'androit de la partye du Ciel où elle eſt: & faut noter qu'a meſure que la lune recōmance d'approcher le Soleil, à meſure ſa lumiere decline en terre & accroit du coſté du Ciel iuſques au defaut.

Lors que le Soleil ſe couche, alors la Pleine lune cōmance à leuer ſur noſtre horiſon.

MARGVERITE.

Ie vois mieux par la figure cy deſſus les mutatiõs de la lune, que par les diſcours qu'on me pourroit faire : vne choſe me trompoit cy deuãt, c'eſt que i'eſtimoye que le corps de la lune fut plat cõme vne aſſiete, mais ayant apperceu que ſon corps eſt vn globe, iay incõtinent découuert le ſecret & me ſuffit.

Retournõs à la terre, laquelle eſt vn Globe ſuſpendu en lair cõme nous demõſtre l'ombre d'icelle à l'Eclipſe de la lune, & voyons pourquoy il faict plus chaud en vn climat, qu'en vn autre, puiſque le Globe terreſtre eſt au milieu de l'air, également diſtãt du Ciel de tous couſtez.

CHARLES.

La figure ſuyuante nous demõſtre clairement, cõme la terre eſt diuiſee en cinq Zones, Bandes, ou regions: Celle du milieu, où on voit le Soleil battãt deſſus de toutes pars, s'appelle la Zone torride, ou regiõ brulante, à cauſe de l'ardeur continuel du Soleil qui tourne touſiours à l'entour & n'en bouge iamais.

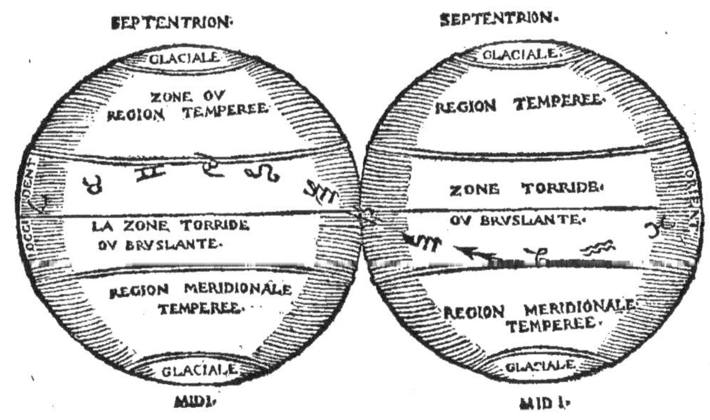

Les deux regions voiſines, de çà, & de là, ſont temperees: parce qu'elles ſont ſituees entre la Zone torride, ou bruſlante, & les deux regions glaciales, eſtant l'vne ſoubz le pol arctique, & l'autre ſoubz l'antarctique, leſquelles ſõt extrememẽt froides, & touſiours couuertes de neiges, à cauſe quelles ſõt fort élõgnees du Soleil lequel ne les eſclaire que de coſtiere: Voila comme il à pleu à Dieu d'ordonner pour la commodité de l'homme deux regions temperees ſituees entre le chaud & le froit.

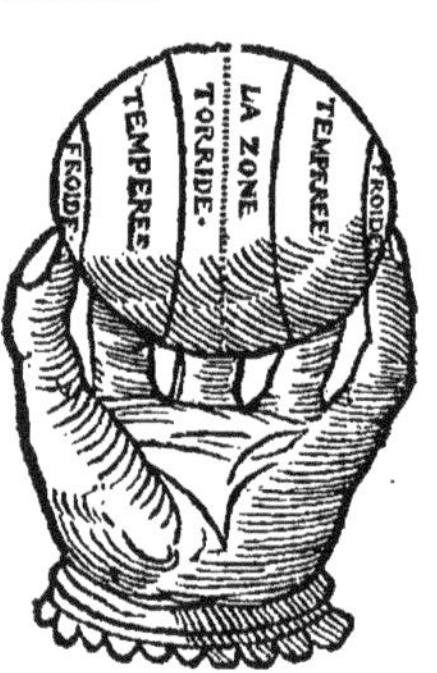

MARGVERITE.

D'où vient que le Soleil qui eſt plus grand cent ſoixante ſix fois que la terre, n'a la puiſſance déchauffer icelle entierement?

CHARLES.

Il faut noter que le Soleil n'eſt chaud aucunement, mais fort clair & luiſant, néchauffãt la terre que par ſa lumiere: Or les drois rayons prouenans du centre d'iceluy ſont ceux qu'eſtans vifz & clairs, dõnans de pointe & de vire, ont la puiſſance déchauffer la partye

& region laquelle est directement batue diceux: car les rayõs donnans à cousté glissent & n'ont beaucoup de force déchauffer la campaigne, cõme nous voyõs au Soleil couchant: & dautãt que le centre du Soleil, duquel prouiennent les droictz rayons, est beaucoup plus petit que la terre, cest pour quoy il ne peut d'iceluy centre échauffer la terre entierement.

L'exemple des choses cy dessus se peut veoir par vne boule de cristal ou miroir ardẽt, ou bien des lunettes qu'auront le verre espes au milieu, desquelles si vous exposez l'vn des coustez au Soleil quant il est clair, & que mettiez du papier frotté de pouldre à canon ou quelque autre matiere cõbustible au droict d'vn petit rondelet fort lumineux, prouenant du centre du verre eslongné d'icelle matiere, bien tost il fera feu, encores qu'iceluy verre soit froid cõme glace, & la neige de tous coustez sur la terre: on voit par là que la grande clairté brule & échauffe comme le feu.

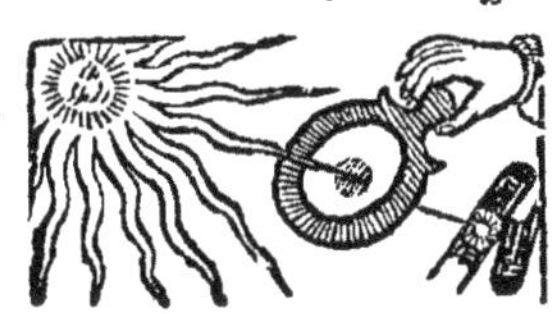

MARGVERITE.

La terre n'est elle habitee sinon es deux regions temperees?

CHARLES.

Elle est habitee par tout: il est vray que ces deux regions, à cause que l'air y est gratieux & temperé, sont plus peuplees que les autres où les habitans sont tormentez par la grande chaleur ou froidure extreme.

Il y a quelque fois es pays chauds quelques contrees froides: comme aussi es pays frois quelque lieu temperé, mais cela auient à cause des montaignes & vallees. La zone torride produit des fruictz exquis y estant l'herbe & la terre humectee par le moyen des grandes rosees de la nuict, laquelle y est tousiours egale au iour: il y a aussi plusieurs riuieres qui se desbordent arrousans doucement ceste terre.

MARGVERITE.

Cest le Soleil qui brule la terre causant lextreme chaleur: mais doù nous prouient la froidure?

CHARLES.

De la terre qu'est froide de nature, & seroit du tout sterile sans la chaleur que luy cause le Soleil.

MARGVERITE.

I'apperçois en la figure suyuante cinq Zones, ou regions, au ciel comme en la terre.

CHARLES.

On en imagine cinq de mesmes, respõdantes directement à celles du Globe terrestre, lesquelles Zones sont distinguees par ces cercles que voyons, lesquels on imagine au ciel pour borner & descrire le cours des astres, estans ces cercles tresnecessaires à l'Astronomie.

MARGVERITE

MARGVERITE.

Pourquoy distinguez vous le ciel en cinq regions puis-qu'il n'i demeure personne?

CHARLES.

Les astres y font leur residence, qui sõt les merueilles de Dieu, & les ministres des hommes, ne pouuant le corps humain subsister sans iceux, estant le ciel le siege & repos des bien heureux. Or ie vous diray dequoy seruent ces cinq regiõs celestes : premieremẽt, celle que nous appellons en terre la Zone torride est au ciel le grand chemin par lequel les sept planetes sõt rauis, d'Oriẽt en Occident, par le premier ciel faisant telle reuolution en vingt quatre heures, comme nous auons dit cy deuant.

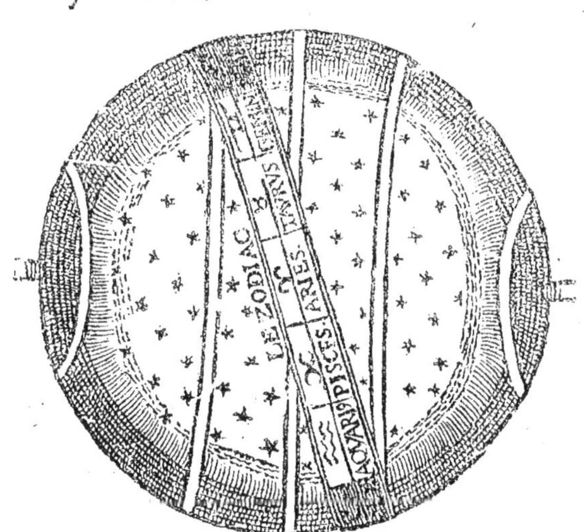

MARGVERITE.

Vous dites que les planetes sõt rauis, il sẽble qu'on les tire d'Orient en Occidẽt malgré qu'ils en ayent.

CHARLES.

Ouy : car cháque planete est attaché en son ciel, faisãt son cours naturel sur les pols, ou piuotz diceluy à trauers de la Zone torride, d'Occident en Orient, & ce pendãt le firmament ou premier ciel rauit sur ces piuotz tous les cieux des planetes d'Orient en Occident, tout à rebours de leur cours naturel: ni plus ni moins que voyons vne mouche ou formi cheminer à l'entour de la roüe d'vne cherrete, d'Occident en Orient, & ce pendãt la roüe l'emporte tout à rebours: comme on voit en la figure suyuante, & pour vn tour que fera la formi, la roüe en fera plusieurs : le planete en est de mesme, & ny à autre difference sinon que le formi porte son corps, & le planete est porté par le rond & circonference du ciel, auquel il est attaché.

MARGVERITE

Dequoy seruent les quatre autres regions celestes estant de çà, & de là de la Zone torride, lesquelles répondent aux regions terrestres, tẽperees & glaciales?

CHARLES.

Il ny a ni chaleur ni froidure au ciel, estant iceluy du tout exent de ces qualitez, mais dautãt que la chaleur prouiẽt à ceux qui sont en terre, du cousté de la zone torride,& la froidure du costé des cercles arctique,& antartique, nous attribuons les qualitez aux regions celestes suyuant les effetz qu'elles ont en terre. Nous auons cy deuãt parlé de la Zone torride qu'est le grãd chemin du Soleil, de la Lune, & des autres planetes duquel chemin ilz ne bougent iamais : Venons maintenant au cercle arctique & antartique, lesquelz separent les regions temperees des froides, & glaciales. Ces deux cercles ici sont décris au globe celeste par les pols ou piuotz du zodiac, lors que le hault ciel fait son mouuemẽt en vintg quatre heures, cõme on voit en la figure suyuante, laquelle demonstre clairement les cinq zones, ou regions celestes.

Les pols du monde represéntent le pied ou branche du compas qu'est immobil, & les pols du zodiac décriuent les cercles arctique & antartique à l'entour desdis pols.

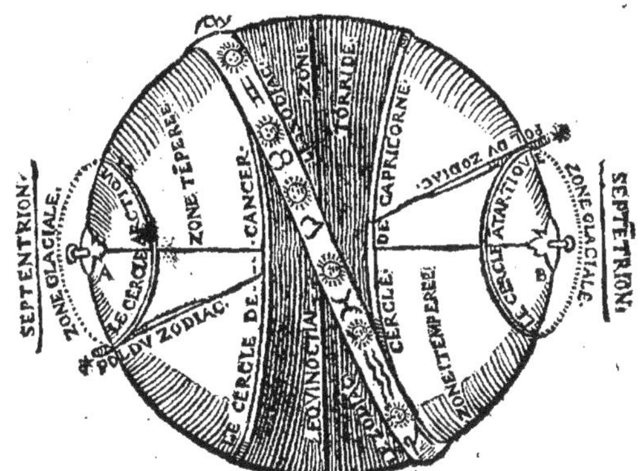

On voit en la Zone torride,qu'est comprise entre les cercles de Cancer, & de Capricorne, plusieurs lines dépeintes signifians les trois cens soixante & cinq cercles & tours que fait le Soleil d'Orient en Occidẽt, pendãt l'annee, estant raui par le plus hault ciel cõme dict est. Nous remarquõs deçà, & de là les deux regions temperees, puis les cercles artique, & antartique, enuironnans les deux regions glaciales, & par ainsi on imagine cinq regions au ciel comme en la terre.

MARGVERITE.

Ie vois par l'écriture estant en la figure cy dessus, la disposition des cercles & regions celestes : mais que veut dire ce cercle large que ie vois enuironnant le globe celeste de costiere comme vne écharpe?

CHARLES.

On l'appelle le Zodiac, c'est à dire cercle contenant plusieurs animaux, ou bien cercle porte vye, & donnant vye : parce que le Soleil & les sept planetes donnãs la vye à toutes choses terrestres y font leur cours & ne bougent iamais d'iceluy cercle : & faut noter que les cieux du Soleil, de la Lune, & autres planetes ont deux mouuemẽs, cõme nous auons dit cy deuãt, l'vn qui leur est propre & naturel, portant le corps du planete sur les piuotz de son propre ciel, d'Occident en Orient, en vn bien long temps, pendãt lequel mouuement naturel iceluy planete suyt du tout le zodiac qui luy sert cõme de voye & sentier : l'autre mouuemẽt du planete se fait tout à rebours de son cours naturel, tournant & estant raui sur les piuotz du monde d'Orient en Occident, par le premier mobil, c'est à dire le plus haut ciel, tresnant le zodiac auec les sept planetes chacun iour à l'entour de la zone torride, laquelle est la grand cherriere des planetes, quatre fois plus longue que le zodiac, leur sentier naturel, cõme nous voyons par les cercles dépeins en la figure cy dessus, lesquelz representent principalement les trois cens soixante & cinq cercles que fait le Soleil en 365. iours, chacun an à l'entour de la terre, s'entretenans l'vn l'autre cõme ceux que fait la corde enuironnant vn tour, suyuant lesquelz cercles ledit Soleil raui, s'auance chacun iour en tirant du tropique ou cercle de capricorne à celuy de Cancer: auquel tropique quant il est peruenu, il est de rechef raui suyuant ces cercles requoquillans au tropique de Capricorne, comme on voit en la figure suyuante. Les autres planetes en font autant, mais en diuers temps.

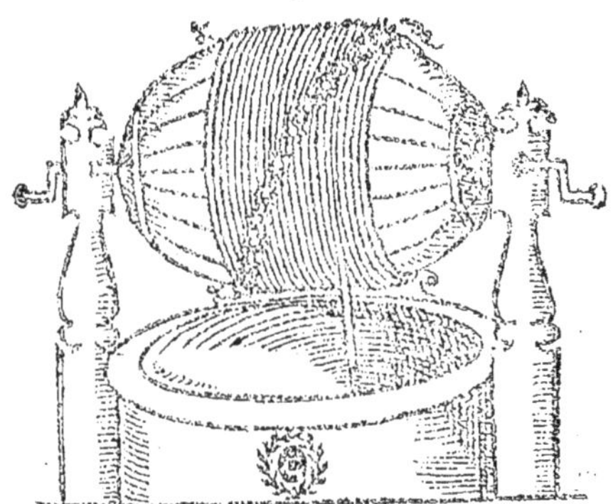

Le Soleil ne fait pas en mesme temps vn mesme interual de l'equateur, causant les heures égales, & inegales: l'heure égale contient quinze degrez de l'equateur, & les 24. heures cõtiennent 360. degrez. l'heure inégale prouient des inégales montees ou descentes du Soleil.

L'equateur fait en 365. iours 366. reuolutions: le Soleil qui recule tousiours en son cours naturel, qu'il fait d'Occident en Orient, en rabat vne. Que si le Soleil ne bougeoit, l'annee auroit 366. iours & six heures.

Si deux postes courans de pareille vitesse pouuoient faire le circuit de la terre en vn an, & qu'ils commençassent leur voyage le premier iour de Ianuier, allans l'vn du cousté du Leuant & l'autre vers Occident, lors qu'ilz seroiẽt tous deux de retour le dernier iour de Decembre, nous trouuerions que celuy qui a voyagé du couchant au leuant diroit qu'il auroit demeuré 366. iours à faire son voyage, l'autre qu'auroit tiré du leuant au couchant n'en conteroit que 364. & nous qui ne bougeons d'ici conterions pendãt nostre annee 365. iours. Posons le cas qu'il fut dimanche, celuy qu'auroit voyagé du leuant au couchãt diroit qu'il est samedi, & l'autre qu'a tiré du couchant au leuant, cõteroit lundi à cause qu'auançent son meridien du cousté du Soleil leuant il diminüe son iour naturel de 4. minutes d'heures, lesquelles font en quinze iours vne heure entiere, & en 12. mois 24. heures qui luy causent ce iour superflus.

On ne pouuoit plus commodement disposer le zodiac que de biays: car s'il suyuoit l'equinoctial ceux qui demeurent soubz iceluy brusleroint ayans continuellement le Soleil sur leurs testes: que si le zodiac passoit par les deux pols du monde, comme les cercles de midi, ceux qui demeurent aux pols, & aux enuirons, brusleroint lors que le Soleil seroit sur eux: car il y demeureroit plus de demy an sans en bouger: & n'auroint les pluyes & nuees plus de lieu particulier pour se retirer: car la zone torride seroit par tout le monde. Loüons Dieu & le remercions d'auoir tant commodement bâti le globe celeste: cela doit bien confirmer la foy & confiance qu'auons en luy, puisque nous voyons vn ouurage tant commode & admirable, lequel ne peut proceder que d'vn esprit diuin.

MARGVERITE.

A ce que i'en vois nous mesurons l'annee suyuant le cours du Soleil qui fait 365. cercles à l'entour de la terre en 365. iours: On dict toutesfois que par dessus les 365. iours il y a encores six heures pour paracheuer l'annee.

CHARLES.

Le Soleil raui par le premier mobil fait veritablemẽt 365. cercles & vn quart de cercle pendant qu'il fait sa reuolutiõ naturelle, à sçauoir vn cercle seul à l'entour du zodiac, estant nostre an composé de 365. iours & six heures ou enuiron, mais ie ne parle point de ces six heures dautant que de quatre ans en quatre ans nous les faisõs couler par le moyen de deux iours que nous ne cõtons que pour vn a sçauoir le 24e & 25e du mois de Feurier: lequel iour ainsi passé sans estre côté nous appellons Bisexte, de sorte que l'annee Bisextile a 366. iours.

MARGVERITE.

Ie pensois que Bisexte fut quelque malheur, pendãt l'annee, mais ie vois maintenant que l'hõme l'a inuẽté à fin de retrancher les six heures de demeure que fait le Soleil en son cours outre les 365. iours, & auõs ceste annee 1592. Bisexte à cause des six heures superflues és annees 1589, 90, & 91. faisans en nõbre 18 heures: Or y adioustãt les six heures superflues de ceste presente annee 1592. ce seront 24. heures qui font vn iour, lequel nous eclipsons en contant, crainte d'auancer les saisons de l'annee & rendre nostre supputatiõ faulse.

Iules Cesar est l'inuenteur de ce Bisexte, & par ce moyen a reformé le calendrier de son temps auquel les saisons estoient trop auancees: car de 4. ans en 4. ans ils cõtoient vn iour plus que le Soleil n'auoit marché, de sorte qu'en 40. ans ils pouuoiẽt s'apperceuoir que le Soleil n'estoit tant auancé de dix iours au zodiac qu'en leur calendrier, l'erreur estoit aisé à veoir: mais depuis le temps de Iules Cesar nous auons obserué encores vn autre erreur: c'est que le Soleil ne demeure à faire son cours naturel par les signes du zodiac, 365 iours & six heures entierement, & s'en faut enuiron le sixieme d'vne heure faisant en six ans vne heure & plus, & en cent trẽte ans enuiron vn iour: de sorte que depuis la reformatiõ faicte par iceluy Cesar on a troué que ce sixiesme d'heure, lequel nous retranchons auec les 6. heures du Bisexte, a retardé nostre calẽdrier de dix iours, & que l'equinoxe vernal qu'estoit du temps du Concile de Nice au 21. de Mars tomboit en l'annee 1582. au 10. dudict Mars, & par ainsi le Soleil estoit plus auancé de dix iours que nous ne cõtions, & pouuions par succesiõ de temps trouuer Noel en nostre calendrier au cœur d'esté. Or pour ratrapper le Soleil il fallut augmenter nostre conte de dix iours, & remettre l'equinoxe vernal au 21. de Mars auquel iour le Soleil entre au signe d'Aries comme du temps dudict Concil tenu pendent le regne de Constantin premier enuiron l'an 320.

Et pour ne plus tomber en ceste erreur on a auisé de laisser en 400. ans trois annees sans faire intercalation du Bisexte, ce sera en l'an 1700, 1800, & 1900: par ce moyen nostre calendrier sera tousiours conforme au cours du Soleil.

CHARLES.

Vous le prenez bien : mais reuenons à parler du zodiac & de la zone torride suyuant la figure cy dessus : comment l'entendez vous?

MARGVERITE.

Les sept planetes qui font leur cours naturel, du couchant au leuant suyuant le zodiac, sont ce pendāt portez sur les piuotz du mōde & rauiz par le premier mobil du long de la zone torride à l'entour de la terre, du leuant au couchant, en 24. heures : voila comme ie l'entens : mais quelle commodité nous apporte ce mouuement de 24. heures?

CHARLES.

La presence du Soleil cause chacun iour la chaleur en terre, & son absēce la frescheur, laquelle terre ainsi temperee entretient & nourrit toutes choses viuātes: que si le Soleil n'auoit que sō cours naturel, nous n'aurions qu'vn iour & vne nuict l'annee, par ce qu'il demeure six mois à passer le demi cercle ou arc du zodiac estāt sur nous, & six mois à passer l'autre demi cercle, du cousté de noz antipodes, où estant le Soleil, son absēce nous causeroit pres de demi an de nuict, & par consequent rendroit la terre infertile & deserte: mais le mouuement du premier ciel nous ramene iceluy Soleil, la lune & autres planetes de 24. heures en 24. heures.

Si le Soleil n'auoit que son cours naturel, & qu'il demeurast demy an sur nostre emisphere, & demy an soubz nous, ceux qui habitēt soubz le pol arctique, ou antartique ne laisseroient d'auoir les iours de mesme quils ont à sçauoir vn iour seul l'annee qui leur dure plus de six mois, & pres de six mois de nuict sans iour, mais il n'auroiēt

la

la commodité d'estre échauffez de tous coustez : & faut noter qu'aux pays Septentrionaux, qui sont directemẽt soubz les pols du monde, il n'y a montaignes qui ne reçoiuẽt les rayõs du Soleil de tous coustez, estans fertilles en bois & en páturage autant d'vn couté que d'autre : & ont en ces pays là, pendant leur demy an de iour, vn midi perpetuel, tantost d'vn cousté, tantost d'vn autre, cõme nous verrons cy apres parlans des iours égaux.

Nous parlerons aussi au second liure de lexcentricité du Soleil qui causeroit à nous autres Septentrionaux, vn iour durant 7. mois, & vne nuict d'enuiron cinq mois seulement, n'estoit le mouuement de 24 heures.

MARGVERITE.

I'apperçois en ce mouuemẽt de 24. heures le Soleil changer chacun iour de place, tirant de Midi au Septentriõ, & de Septentrion à Midi : car depuis le mois de Decembre iusques au mois de Iun il s'approche de nous, & depuis Iun iusques en Decembre il s'en recule : de sorte qu'estant peruenu à l'vn des tropiques il semble s'arrester retournant à l'autre.

CHARLES.

Il ne faut pas penser que le Soleil estant fiché en son ciel, & porté par iceluy, puisse retourner d'autre cousté, car il va tousiours son train du couchant au leuãt, faisant sa reuolution naturelle en vn an : mais d'autant que son sentier & sa voye qu'est le zodiac, s'étend en echarpe du midi au Septentrion, estant iceluy zodiac raui obliquement par le premier mobil, il semble que le Soleil ayant passé le dessus de l'arc diceluy zodiac, lors qu'il est peruenu au tropique de cancer, retourne tout court vers l'equinoctial, & de là au tropique de Capricorne : mais à la verité il suit tousiours le rond de son ciel, estant porté par iceluy, d'Occident en Orient, comme on voit en la figure suiuante.

Les pols du zodiac sont distans de ceux du mõde de 23. degrez & demy quelques minutes, mais pour faire vn conte rond & diuiser plus commodemẽt la sphere on en y pourra mettre 24.

Le Soleil entre en châque signe enuiron le 21.e de châque mois, chaqu'un signe a trente degrez.

Le ciel portãt le corps du Soleil est excentrique & s'estend plus du cousté de nostre Septentriõ que de là lequinoctial vers midi, & à cause de son aux qu'est en Cancer & qu'il n'est porté regulierement, tant sur la terre que soubz l'ecliptique: il ne peut faire en esté estant aux signes Septentrionaux vn degré entier de l'ecliptique, mais en yuer il en fait aussi plus d'vn: de sorte qu'en vn iour d'esté, & vn iour d'hyuer il fait deux degrez entiers, & en 365. iours il passe les 360. degrez du zodiac.

Les cinq iours six heures que demeure le Soleil à faire son cours outre les 360. iours sont perpetuellement distribues parmi les degrez de l'ecliptique à fin d'accorder le cours Solaire auec les 360. degrez dicelle Ecliptique.

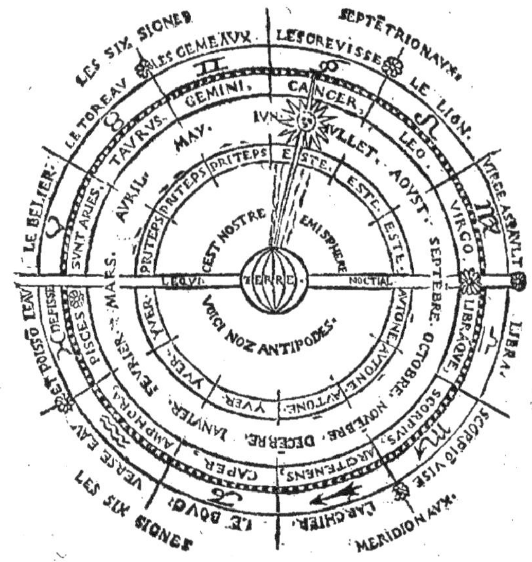

Les plus grands iours de lannee sont quant le Soleil entre au signe de Cancer enuiron le 21e de Iuin. Les iours sont les plus cours quant le Soleil entre au signe du Capricorne enuirõ le 21e Decembre. Les iours sont égaux aux nuicts quant le Soleil entre au signe d'Aries enuirõ le 21e de Mars : comme aussi le 21e Septembre quant il entre au signe de Libra.

Depuis le mois de Decembre les iours croissent en ces quartiers de trois semaines en 3. semaines d'vne heure, ascauoir de demye heure le matin, & de demye heure le soir. En 3. mois de 2. heures le matin & 2. heures le soir. En 6 mois ascauoir depuis le 21e Decembre iusques au 21e de Iun les iours croissent de 4. heures le matin, & de 4. heures le soir. Et depuis le 21e de Iuin les iours decroissent d'vne heure de trois semaines en trois semaines iusques au 21e Decembre.

MARGVERITE.

Vous me monstrés vn zodiac qui n'est plus en écharpe & a son rond entierement.

CHARLES.

C'est à fin qu'õ le voye de tous coustez: ie vous ay cy deuant monstré le cercle du zodiac de costiere, vous le voyez maintenãt de fron: & par mesme moien on y voit les douze signes par lesquels le Soleil passe faisãt son cours & reuolution naturelle du couchant au leuant pendant l'annee: car comme i'ay dit cy deuant, le Soleil demeure six mois à passer larc, ou moitie du cercle du zodiac estant sur nous, & autres six mois à passer larc du cousté de nos antipodes, demeurant vn mois en chácun signe: Les six signes Septentrionaux sont appellés les signes ascendãs ou montans sur nostre Emisphere, les six autres signes sont appellez descendans, par ce que le Soleil estant en iceux descend vers midi, & du cousté de noz antipodes.

MARGVERITE.

Ie vois comme le zodiac est partagé en douze partyes, en chácune desquelles y a vn signe dépeint: ie desire scauoir le nom de ces signes.

CHARLES.

Il sont cõtenuz en ceste vielle rime platte, cõmeçant au signe d'Aries ou Belier, lors que nous entrons au

Printemps,& que toutes choſes ſe renouuellent. Les noms contenuz aux trois premiers carmes demonſtrent les ſix ſignes aſcendans ſur noſtre emiſphere boreal, & les noms des ſignes deſcendans vers midi, ſont aux trois derniers carmes que voyez deſcris en la figure precedente.

Le Belier, Le Taureau	*Les Gemeaux, Lecreuiſſe*	*Le Lion, Vierge aſſault*
Libra Scorpion viſe	*L'archier Le Bouc Verſeau*	*Et Poiſſon leau depiſſe.*

MARGVERITE.

Ces ſignes n'ont ils point d'autres noms?

CHARLES.

Ouy? car on les nomme en latin Aries, Taurus, Gemini,Cancer,Leo,Virgo. Quelques vns appellent Libra du mot François, la Balance, l'Archier du mot latin, Sagittarius, ou le Sagittaire : le mi bouc,Capricornus : le verſe eau Aquarius, & les poiſſons,Piſces.

MARGVERITE.

De quoy ſeruent ces ſignes : pourquoy les nomme-on ainſi?

CHARLES.

Ils ſeruent de diſtinguer l'androit auquel eſt le planete,quelques vns dient que les premiers aſtronomes ont appellé le premier ſigne du nom de Belier, par ce que le Soleil eſtãt en ce ſigne nous cõmance à hurter & poindre de ſes rayons au Printemps.

Taurus, dautant qu'il nous hurte plus fort de ſa chaleur, nous approchant de plus pres en ce ſecond ſigne.

Gemini eſt ainſi nommé par ce que le Soleil y eſtant

redouble ſes forces, & chaleurs : dautres dient par ce qu'il produit des fruicts doublement en ceſte ſaiſon.

Cancer, dautãt que le Soleil eſtant en ce ſigne ſeptentrional, le plus proche de nous, ſemble ſe reculer cõme lécreuiſſe, & reprendre ſon chemin vers midi.

Leo eſt ainſi appellé : par ce que le Soleil y eſtant ſemble eſtre vn Lion brúlant noſtre terre Septentrionale, laquelle eſtoit déja fort échauffee, le Soleil eſtãt es ſignes de Gemini & Cancer.

Virgo, dautãt que le Soleil eſtant en ce ſigne commence à moderer ſa ferueur, & rendre l'air temperé: dautres dient que ceſt à cauſe que le Soleil eſtãt en ce ſigne n'engendre plus rien eſtãt ſterile cõme la vierge.

Libra, ou la balance, eſt ainſi nommeè, par ce que ce ſigne eſt attenant l'equinoctial, où le Soleil eſtant les iours ſemblent balancer & eſtre égaux aux nuicts : le chaud & le froid ſont égaux, de meſme & la ſaiſon temperee.

Scorpius: par ce qu'en ceſte ſaiſõ le temps eſt temperé du commencement, ſe changeant en froid ſur la fin, nous poignant aigrement comme le Scorpion de ſa queüe.

Sagittarius eſt ainſi nommé : dautant que le Soleil eſtant là, ſẽble viſer cõme vn archer droict au Solſtice d'yuer: dautres dient que ceſt à cauſe que le froit nous picque encores plus rudemẽt qu'au ſigne precedent.

Capricornus, ou demy bouc & demy poiſſon, par ce qu'en ceſte ſaiſon le froid brotte du commancement tous les feuillages & verdures,& sur la fin le temps est froid comme vn poisson: dautres dient que comme la chéure monte d'embas contremont, aussi le Soleil estant en ce signe commance à remonter en haut tirant du tropique à l'equinoctial.

Aquarius ou verse eau, dautant que la saison est pluuieuse,& fort humide à nous qui sommes Septentrionaux.

Pisces est ainsi nommé: par ce que le Soleil estant en ce signe, lors les fossez sont pleins,& les poissons nagent en grande eau.

Ie ne scais pour quelle autre raison les premiers Astronomes auroient ainsi nommé les douze signes, veu que la constellation quils entrelassent parmy ces figures ne represente les choses dépeintes.

MARGVERITE.

Seroit-il possible qu'il n'y eut autres raisons d'auoir ainsi nommé les douze signes du zodiac?

CHARLES.

Peut estre que Thales Milesius & les premiers Astronomes qui ont imposé ces noms aux douze sections, & parties du zodiac, ont eu plusieurs autres belles considerations, mais leurs liures ont estez perdus par l'iniure du temps auec les raisons quils ont peu alleguer.

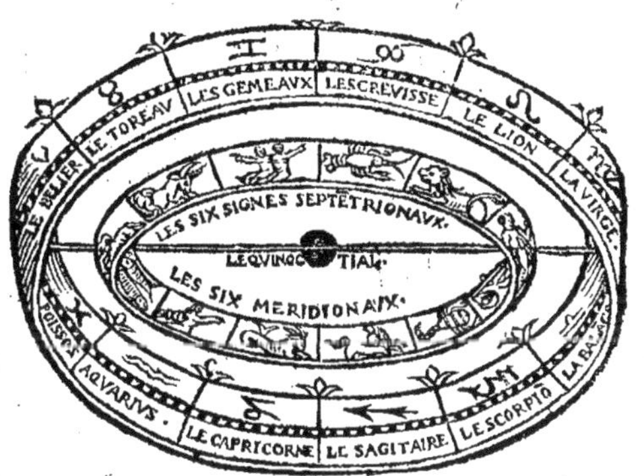

MARGVERITE

Doù vient que ce cercle du zodiac eſt large, & les autres cercles n'ont point de largeur?

CHARLES.

Si tous les planetes ſuyuoient l'ecliptique, ou chemin naturel du Soleil, qu'eſt ceſte line que voyons dépeinte au milieu d'iceluy zodiac où ſont les degrez blans & noirs: on n'auroit que faire de donner vne largeur à iceluy cercle: mais dautant qu'iceux planetes ne ſuyuent la voye du Soleil, ſ'equartãs quelque fois du couſté de noſtre Septẽtriõ, quelque fois du couſté de Midi, daucuns iuſques à ſix degrex: ceſt pourquoy on a donné au zadiac douze degrez de largeur, à ſcauoir ſix deuers Septentrion, & ſix deuers Midi: à fin de borner l'eſquartemẽt des planetes deça & de là de lecliptique, ou chemin du Soleil.

Mars & Venus ſéquartent de la voye du Soleil, ou ecliptique iuſques à ſept degrez, à cauſe de la largeur de leurs epicycles, mais rarement, ceſt pourquoy on n'a pas pour cela élargi le zodiac.

Saturne séquarte de lecliptique de 3. degrez, Iupiter de 2. Mars de 7. le Soleil n'a point de latitude, ne sequartant iamais de lecliptique qu'est sa voye naturelle: Venus s'equarte iusques à 7. degrez: Mercure iusques à 4. & la Lune iusques a 5. degrez ou enuiron.

Il y a difference entre la latitude ou largeur & le declin ou declinaison de lestoille: car quant on dit declinaison on entẽd l'interual entre l'estoille & lequateur ou equinoctial, quant on parle de latitude on entend la distance iusques à lecliptique: si telle distance est du cousté de midi on l'appelle latitude meridionale, si elle est du cousté de Septentrion on la nomme boreale ou Septentrionale, le Soleil decline de lequinoctial, mais il n'a point de latitude dautant qu'il n'abandonne iamais lecliptique qu'est sa propre voye laquelle il décrit de son centre: le Geographe prent sa latitude du Midi au Septentrion, & de Septentrion à Midi, de pays à l'autre: il prend sa longitude d'Orient en Occident.

MARGVERITE.

I'entens la raison pour laquelle l'astronome a donné douze degrez de largeur au zodiac, qu'est le chemin & sentier auquel les sept planetes fõt leur cours naturel, d'Occident en Orient: cest à fin de regler le plus grãd équart & largeur diceluy planete.

Ie desire maintenãt d'apprendre doù nous prouient l'inegalité des iours, comme aussi le changement des saisons de l'annee, à scauoir le Printemps, l'Esté, L'autonne, & l'Iuer.

CHARLES.

Lun despend de l'autre: car les grands iours nous causent en esté vne grande chaleur, & les cours nous échauffent bien peu en yuer: Les iours égaux aux nuictz nous rẽdent aussi au Printemps, & en Autõne, vne chaleur temperee de froidure: parlons donc de l'egalité & inégalité des iours, & nous verrons la cause des quatre saisons de l'ãnee: les lines ou cercles recoquillez que voyons en la figure suyuante, moitié blans & moitié noirs, signifient les iours & les nuitz: les

les iours nous esclairẽt pendãt que le Soleil passe nostre emisphere : la nuict n'est autre chose que l'absence du Soleil, estãt caché soubz terre du cousté de nos antipodes, comme nous auons dit cy deuant.

Platon au 10e de sa republique, appelle ces parallez, recoquillez le grand fuseau des Parques : par ce que tout le temps de nostre vie est limité par iceux parallez.

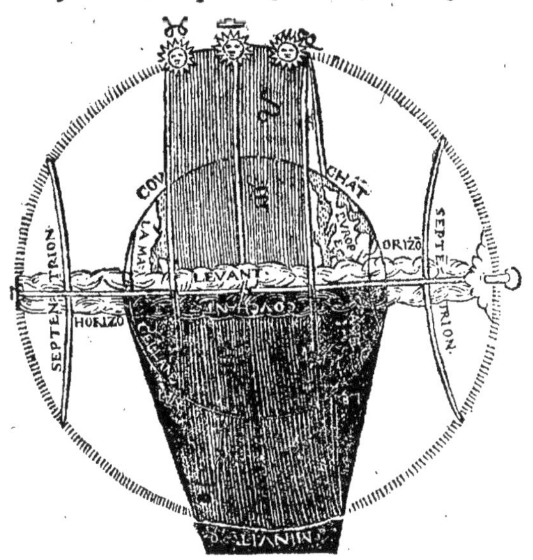

Nous voyõs donc en ceste figure, que ceux qui sont situez droit au milieu de la zone torride soubz le cercle equinoctial, passant par les signes d'Aries & Libra ont ces lines ou cercles, moitié blans, & moitié noirs, & par consequent les iours égaux aux nuictz en tout temps.

MARGVERITE.

Nous auons aussi en Mars & Septembre les iours égaux aux nuictz.

CHARLES.

Ouy, & faut noter que lors que le Soleil entre le 21e de Mars au ſigne d'Aries & le 21e Septembre au ſigne de Libra les iours ſont égaux aux nuicts par tout le monde : il eſt lors poſé au milieu du ciel, droictement entre les deux tropiques, mais quant il paſſe és autres ſignes les iours nous deuiẽnent inégaux, & nõ à ceux qui ſont ſituez ſoubz l'equinoctial, leſquels iouiſſent perpetuelemẽt du benefice de l'egalité des iours aux nuicts, & ont deux eſtez & deux yuers l'annee.

Nous verrons cy apres par deux ou trois figures, que ceux qui habitent ſoubz l'equinoctial ne peuuent auoir en eſté ou yuer les iours égaux aux nuicts : dautant que le Soleil raui en 24. heures, fait en Cãcer vn grand cercle, & en Capricorne vn plus petit : Or le grãd cercle lumineux cauſe moins d'ombre à leur terre que ne fait le petit cercle de ♑ : ceſt pourquoy les iours ſont auſsi plus longs à ceux qui habitẽt ſoubz le pol arctique, qu'a ceux du couſté de l'antartique : mais à cauſe que lexcentricité du Soleil n'eſt pas grande comme celle de ♄, ♃. & ♂, on ne s'en apperçoit pas beaucoup.

MARGVERITE.

Queſtce à dire Equinoctial ?

CHARLES.

Lequinoctial vaut autant à dire cõme le cercle des iours égaux aux nuicts : dautant que le Soleil y eſtant peruenu es mois de Mars & de Septembre, les iours ſont égaux aux nuicts par toute la terre, cõme dit eſt.

MARGVERITE.

Il faut à ce que ie vois, ou que le Soleil ſoit ſoubz l'equinoctial, paſſant par les ſignes d'Aries & Libra, ou que nous y ſoyons pour auoir les iours égaux aux nuicts, ie voudroye que noſtre Frãce fut ſituee ſoubz l'equinoctial à fin de ioüir d'vn ſi grand bien.

CHARLES.

Ceux qui habitent ſoubz l'equinoctial ſont bruſlez

de chaud, dautãt quils sont situez au milieu de la zone torride, ne pouuãt la frescheur de leur nuict moderer la trop grande ardeur du Soleil lequel passe à midi directement sur leurs testes, & voyent pour lors la figure du Soleil au profond des puis, ne faisans point d'õbre à la mesme heure sinõ l'ombre de leurs chappeaux qui faict cõme vn petit rond respõdant à leurs pieds: cela leur aduient principalemẽt en Mars, auquel mois ils ont leur premier esté, & en Septembre qu'est le temps de leur second esté. Ils ont aussi deux yuers en vn an, qui ne leur peuuent causer aucunes neiges ni gelees: lun leur arriue en Iun lors que le Soleil est au signe de Cancer, & lautre en Decembre le Soleil estãt au signe de Capricorne. Ils sont drois sur la sphere du monde, voyans l'vn & lautre pol également, & nous qui sommes Septentrionaux, dautãt que la sphere du monde nous est oblique, & comme panchãt d'vn costé, par ce qu'auons le pol arctique éleué sur nostre horison, nous ne pouuons veoir l'antartique, comme on voit en la figure suyuante.

Il y a trois Estoilles en la figure d'Orion, qu'on appelle les trois Rois, celle du milieu marque le cercle de l'equateur.

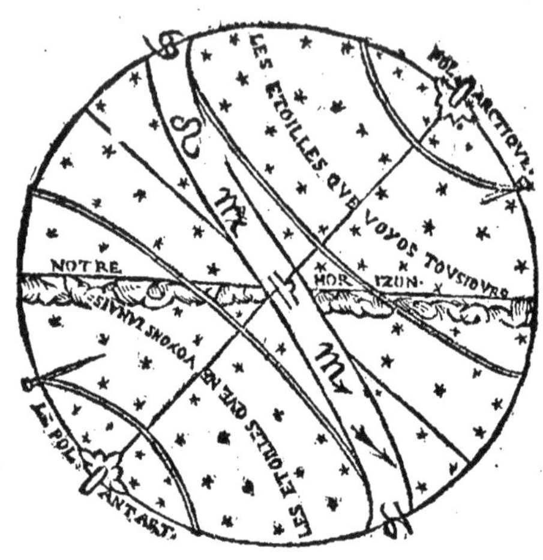

MARGVERITE

Queſt-ce à dire horiſon?

CHARLES.

Ceſt vn cercle que nous imaginõs à lentour de nous eſtans en vn plat pays, aux bours duquel cercle le ciel ſemble toucher la terre de tous couſtez : & par le moyen diceluy cercle on obſerue le leuant & couchant des eſtoilles.

L'homme peut découurir quinze lieües Françoiſes de circuit à lentour de ſoy, eſtãt de beau iour en plain pays, ou en plaine mer, au bout duquel interual default la veüe humaine, ne voyant plus qu'vne couleur bleuue repreſentant vn cercle touchant le ciel de tous couſtez, lequel cercle nous appellons horizon terreſtre : mais le vray horizon eſt le celeſte qui nous monſtre le leuant & couchãt des eſtoilles, eſtant cent fois plus grand que le terreſtre.

MARGVERITE.

Nous voyons de nuict l'Horizon comme vn cercle bourdé d'eſtoilles aboutiſſãt à la terre de tous couſtez doù vient ceſte rondeur?

CHARLES.

La voſſure de la terre tendant en rond nous oſte de tous couſtez la veüe des aſtres qui ſont ſoubz nous, de ſorte que ne pouuõs veoir que ſix ſignes, les ſix autres ſont touſiours cachez ſoubz noſtre horizõ : quant vn ſigne ſe leue lautre ſe couche:& autãt de pas que nous faiſons,autant de fois nous changeons d'Horizon cõme vous voyez en la figure ſuyuante.

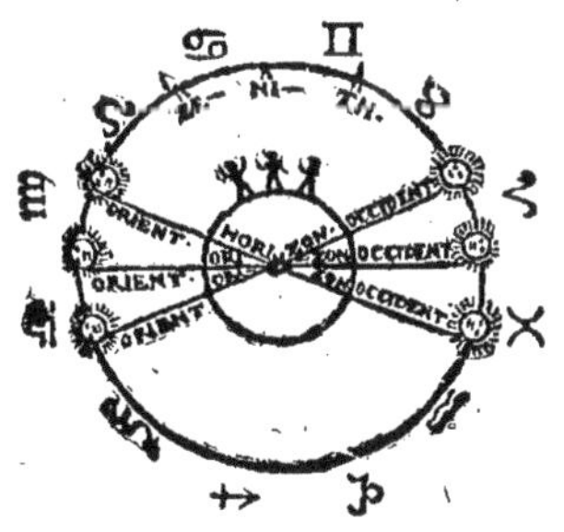

MARGVERITE.

I'entens maintenant que ceſt de l'Horiſon : ie penſois autrefois que la terre fut platte, eſtimant que ce cercle qui m'enuirõnoit fut le bout du monde,mais ie cognois maintenant que la terre eſt vn globe, & qu'autant de fois que changeons de place d'vn couſté ou dautre nous changeons auſſi d'Horizon. Retournons à noſtre propos à ſcauoir doù nous prouiennent les grands iours & courtes nuicts, au mois de Iun, & tout le contraire en Decembre, auquel mois les iours ſont ſi cours & les nuictz fort longues.

CHARLES.

Vous voyez en la figure ſuyuante, que nous ne ſommes poſez droictemẽt entre les deux pols du mõde, comme ceux qui ont les iours egaux aux nuictz, mais nous tournons de trauers du couſté de Septentriõ, tirans au pol arctique,ceſt pourquoy le Soleil ne nous bat que de costiere : & lors qu'il se retire de nous estant es signes descendans vers midi, il ne peut nous esclairer longuement : dautāt que la vossure de la terre tendant en rond nous en oste incontinant la veüe : Le Soleil est aussi longuement sur nostre Emisphere quant il nous approche : à cause qu'il ne se leue ni ne se couche directement sur nostre horison costoyant iceluy, & tournant obliquemēt du cousté de midi cōme on voit par la figure suyuante.

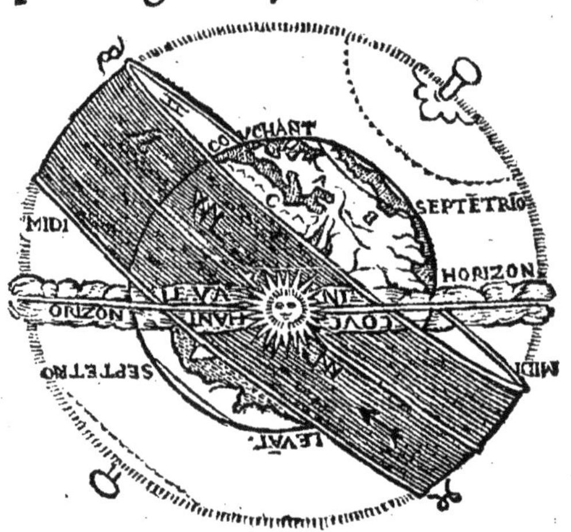

Les arcs que décrit le Soleil sur nostre Emisphere, representēt les iours qui sont plus longs du cousté de Septentriō proche le tropique de Cācer, que du cousté de midi vers celuy de Capricorne.

Les arcs que faict le Soleil passant soubz nostre Horizon du cousté de noz antipodes, representent noz nuictz lesquelles vous voyez plus longues du cousté du tropique de Capricorne, que deuers celuy de Cancer : & tãt plus nous approchõs du pol arctique, dautant nous declinõs de lequinoctial, lequel declin cauſe l'inegalité des iours aux nuictz : de ſorte qu'en Eſcoſſe où ils ſont plus Septentrionaux que nous, ils ont en Iun 23. heures de iour & vne heure de nuict, & en Decembre il leur aduient le contraire.

Il eſt touſiours plus de iour que de nuict : à cauſe que le Soleil eſt trop plus grand que la terre, éclairant plus de la moytie dicelle, ioinct que les Septentrionaux ont plus de iour que les Meridionaux à cauſe de laux du Soleil qu'eſt de leur couſté au ſigne de Cancer.

MARGVERITE.

Ceux qui ſont poſez droictement ſoubz le pol arctique, ont ils les iours fort inégaux ?

CHARLES.

Ils no'nt qu'vn iour & vne nuict lannee : car depuis le mois de Mars que le Soleil paſſe de leur couſté, mõtant de lequinoctial & ſigne d'Aries en Cãcer iuſques au mois de Septembre quicelny Soleil paſſe au ſigne de la Balance, ils ne le perdent iamais de veüe, & ont vn iour qui dure ſix mois : mais quãt le Soleil deſcend de Libra en Capricorne pour retourner au ſigne d'Aries, ils le perdẽt de veüe leſpace de ſix mois, à ſcauoir depuis Septembre iuſques en Mars, à cauſe qu'iceluy Soleil ſe reculant d'eux, ſabaiſſe ſoubz lequinoctial qu'eſt leur Horiſon, & lors la voſſure de la terre faiſant obſtacle de tous couſtez leur cauſe vne ſi longue nuict comme on voit en la figure ſuyuante.

Lequinoctial & la zone torride ſeruent d'Horizon à ceux qui habitent ſoubz les pols du monde : ceſt pourquoy ils voyent le Soleil & les autres planetes tourner à l'entour de leur terre, iuſques à ce qu'iceux planetes retournent du couſté de midi, & lors ils ſont long temps ſans les reuoir, meſme Saturne qui demeure quinze ans ſoubz eux, & quinze ans ſur leur Emiſphere ſans ſe coucher ou leuer.

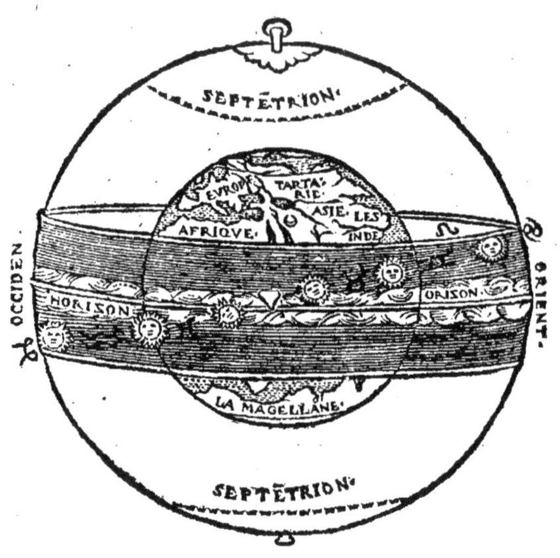

MARGVERITE.

Ceux qui habitent ſoubz le pol font ombre de tous couſtez, dau tãt que le Soleil tourne touſiours à l'ẽtour de leur Oriſon, ſuyuant les cercles que ie vois dépeins en la figure cy deſſus : leur midi eſt par tout & n'ont aucune montaigne qui n'ayt le Soleil de tous couſtez.

CHARLES.

Cela aduient dautãt que tous les cercles meridiens paſſent par deſſus leurs teſtes, & ont midi de toutes pars.

MARGVERITE.

Queſt-ce à dire cercle meridien ?

CHARLES.

Ceſt vn cercle que nous imaginons au ciel, directement ſur noz teſtes ; paſſant par l'vn & l'autre pol, & lors que le Soleil eſt peruenu à ce cercle nous cõtons Midi quant iceluy Soleil eſt ſur noſtre Emiſphere, & quant il eſt ſoubz nous du couſté de noz antipodes

nous

nous contons minuict. Quant nous tirons droict au pol vers Septentrion, nous ne changeons iamais de midi: mais si nous allons du leuant au couchant, ou du couchant au leuant, autãt de pas que nous faisons autant de fois changeons nous de meridien comme on voit en la figure suyuante.

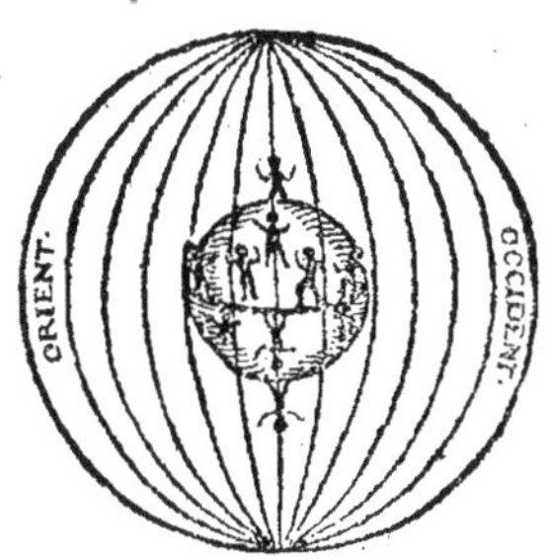

MARGVERITE.

Ie remarque tous les cercles meridiens passans par l'vn & l'autre pol: de sorte que si nous tirons droict d'vn pol à l'autre, nous suyuons tousiours vn mesme cercle de midi & ne bougeons iamais de dessoubz iceluy. Mais que signifient ces lines que ie vois en la figure suyuãte lesquelles tournent à l'entour diceluy meridien?

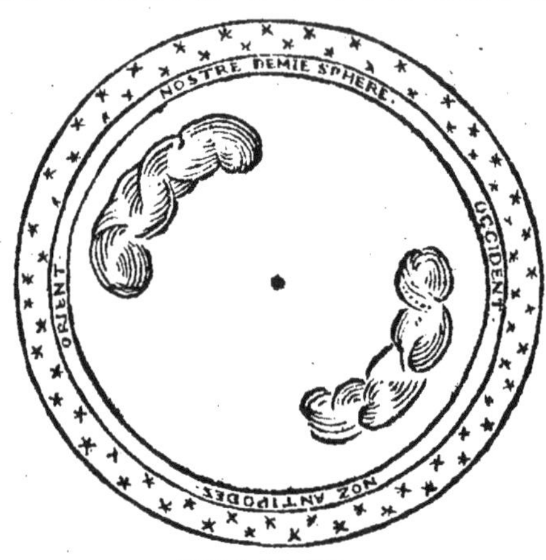

CHARLES.

Ce ſont les trois cens ſoixante cinq cercles que fait le Soleil chácun an, eſtãt raui à lentour de la zone torride, leſquelz cercles ſont touſiours au milieu du ciel, deça & delà de l'equinoctial: ceux qui habitent ſoubz iceluy equinoctial voient la ſphere du monde toute droicte, remarquãs l'vn & lautre pol toucher les bours de leur horiſon: mais quant ils abandonnent l'equinoctial, tirãs à l'vn ou à lautre pol, il perdẽt de veüe le pol quils abandonnent, & celuy duquel ils ſapprochent commance à ſéleuer dautant ſur eux, & tant plus ils approchent iceluy pol, & plus ils le voyent éleué ſur leur horiſõ, & le Soleil decliner diceluy. Or à fin qu'õ n'ayt la peine de voyager du Midi au Septẽtriõ, pour remarquer vn tel changement de ciel, on tourne ceſte figure de tous couſtés, mettant l'equinoctial & le pol ſur quel degré qu'on veut ſuyuant le climat où on eſt.

MARGVERITE.

Cela me faict ſouuenir d'vn gros bontemps lequel

ayãt trop chau fit reculer la cheminee,crainte de bouger de ſa chére: mais quoy que ſ'en ſoit ie trouue bõne ceſte inuentiõ dauoir ainſi faict le ciel mobil du midi au Septentrion, par ce moyen on ne ſera contraint de faire pluſieurs figures pour monſtrer la diuerſe éleuation du pol, & le declin de lequinoctial cauſant l'inegalité des iours & des nuicts : car tant plus on éleue l'equinoctial ſur l'horiſon, eſleuant l'vn des pols, tant plus on rend les iours inégaux : tenant lequinoctial droict & poſant l'vn & lautre pol ſur le bour de l'horiſõ on rend les iours égaux aux nuictz en tous temps à ceux qui ont vn tel horiſon, comme on voit en la figure cy deſſus. Ie deſire maintenãt de cognoiſtre noſtre pol arctique à fin de veoir leſleuation diceluy.

I'euſſe faict l'horizon mobil, & non le ciel, n'euſt eſté qu'iceluy horizon eſtant arreſté tient plus ferme, moſtrant mieux la ſphere oblique & la droicte.

CHARLES.

Pour cognoiſtre noſtre pol il vous faut premierement remarquer la grande ourſe, laquelle fait vne reuolutiõ en 24. heures tournãt la queüe à lẽtour du pol arctique, & ne ſe couche iamais : quelques vns l'appellent le cheriot: puis vous remarquerez vne eſtoille fort luiſante, reſpondante quaſi par droicte line aux deux roües dernieres dudict cheriot, eſtant icelle eſtoille au bout de la queüe de la petite ourſe, par le moyen de laquelle nous voyõs à peu pres l'ádroict du pol, comme on voit en la figure ſuyuante.

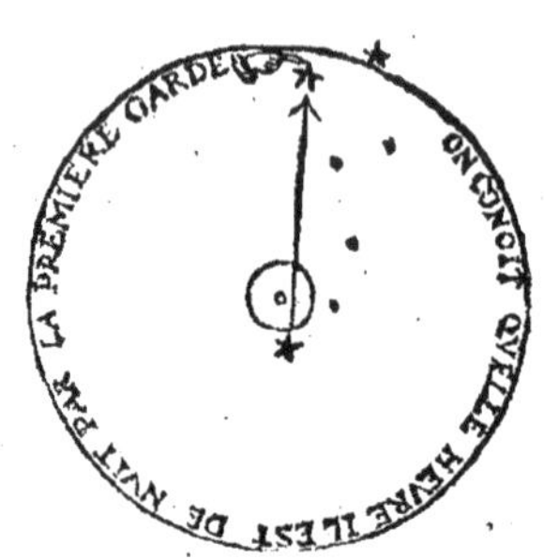

Or dautant qu'icelle eſtoille qu'on appelle l'eſtoille de Nort, ne nous monſtre droictement le pol, par ce quelle en eſt à preſent diſtante d'enuiron 4. degrez, pour cógnoiſtre iceluy pol de plus pres, on ſadreſſe à vne eſtoille nommee la garde de deuant, laquelle eſt la plus luiſante des ſept de la petite ourſe, eſtãt fichee au col dicelle, & par ce moyen on peut remarquer iceluy pol qu'eſt touſiours entre ladicte garde & l'eſtoille de nort. Nous voyons auſſi par icelle garde quelle heure il eſt de nuict, en remarquant ladicte eſtoille de Nort, & imaginãt vne croix paſſant par le milieu de ladicte eſtoille: on appelle la partye de la croix qu'eſt deſſus *la teſte*, & celle de deſſoubz *les pieds*, & les deux autres lines *main droicte, et main gauche*, puis il y fault encores adiouſter huict lines cõme vous voyez en la figure ſuyuante.

Icelle premiere garde ne changeroit iamais de place à minuict n'eſtoit que le Soleil s'aduançant du couchant au leuant recule la minuict de 4. minutes chacun iour, leſquelles font en 15. iours vne heure: & par conſequent la minuict delaiſſe d'autãt icelle garde, laquelle ſemble s'aduancer chacun iour du couſté du couchant outre ſon mouuement de vingt quatre heures.

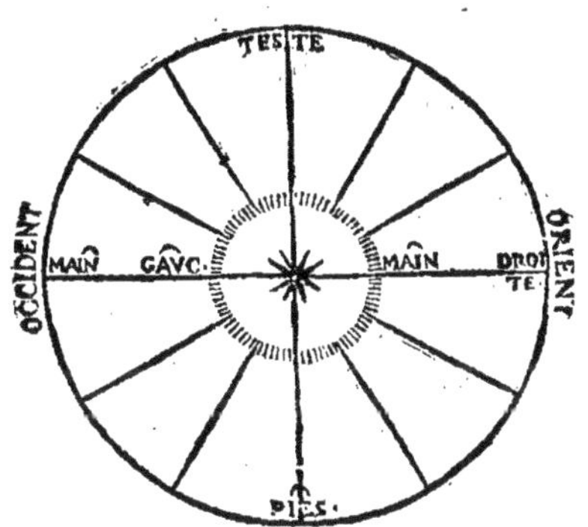

Or quant vous aurez imaginé ces figures, considerez que ladite premiere garde tourne & passe en vingt quatre heures les douze partyes cõtenues entre les lines de la figure cy dessus, demeurant deux heures en chácune partye, de sorte que lestoille du pol luy sert comme de centre, à l'entour duquel icelle garde tournant nous monstre les heures de la nuict.

MARGVERITE.

Est-il minuict quant icelle garde passe sur noz testes?

CHARLES.

Ouy bien pendant le premier iour du mois de May: car au 15e dudict mois icelle garde decline de la line de minuict, panchant lors du cousté de la main gauche, & de 15. iours en 15. iours elle chãge à minuict de place, se reculant d'vne heure du cousté de ladicte main gauche, tirant à l'Occident, de sorte que le premier d'Aoust icelle garde sera à minuict droit à la main gauche, ayant decliné de six heures, & en Nouembre elle sera aux pieds, en Feurier à la main droicte du cousté d'Orient comme vous voyez en la figure suyuante.

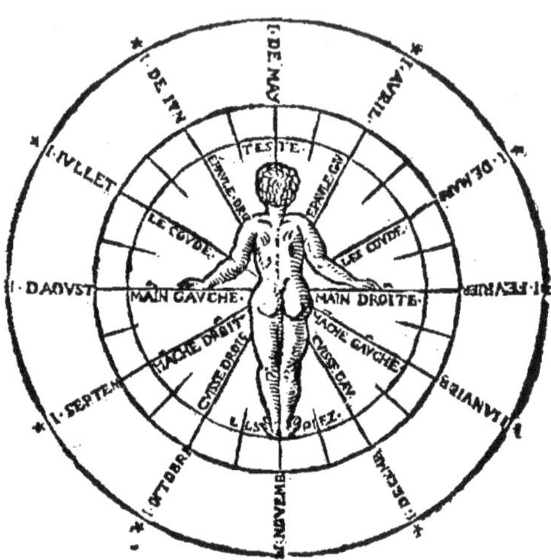

MARGVERITE.

Ie ſcay maintenant l'androit auquel icelle garde doit eſtre à minuict par le moyen de la figure cy deſſus, & aperçois ladicte garde tournant en rond laquelle paſſe en ſix heures l'interual de teſte à main, & en autres ſix heures de main aux pieds, faiſāt de ſix heures en ſix heures vne quarte ou quatrieſme partye du rond, laquelle quarte ie peux diuiſer par imaginatiō en ſix partyes y faiſant ſix lines, leſquelles lignes ſignifiront les heures: tellement que ſachant l'androit de minuict ie verray ſi ladicte garde y eſt ou deux ou trois heures auant ou arriere: & ainſi ie peux ſcauoir quelle heure il eſt.

Ie cognois auſſi l'androit de noſtre pol arctique par le moyen de leſtoille de Nort: mais il ne me ſouuient plus des cercles leſquelz vous m'aués deſcrit en la ſphere, ie vous prie d'en faire vn mot de repetition.

Les gardes sont deux estoilles qui marquent les roües de derriere du petit cheriot, la garde de deuãt que nous obseruons pour monstrer lheure est la plus luisante des deux, & la plus voisine & respondante au limonnier du grand cheriot. On peut aussi cognoistre quelle heure il est de nuict en remarquant ladicte estoille de Nort, laquelle respõd quasi par droicte line aux deux roües dernieres du grãd cheriot qui sont deux estoilles mõstrãs de mesme quelle heure il est, en remarquãt l'ãdroit de leur minuict.

CHARLES.

Notés quil y a huict cercles en la sphere : à scauoir quatre grands & quatre petiz : Les grands sont l'Equinoctial, le Zodiac, l'Horison, & le Meridiẽ: lesquelz cercles diuisent la sphere ou globe en deux demies boules égales, les quatre petits cercles sont les deux tropiques, cest à dire les cercles de Cancer, & de Capricorne, & les cercles arctique, & antartique : Voila les huict cercles que l'Astronome a imaginé au firmamẽt pour décrire & terminer le cours du Soleil & des autres planetes : lesquels cercles vous pouuez veoir en la figure suyuante.

Ceux qui batissent vne sphere materielle y adioustent encores deux cercles qui leur seruent pour suporter & enlier les huict cy dessus, lesquelz ils appellent les deux colures, cest à dire cercles imperfaictz, dautant qu'en quelque part de la terre qu'on soit on ne les peut veoir entierement, comme on voit quelquefois les autres.

Ils appellent l'vn de ces cercles le colure des solstices, dautant qu'il passe par les deux tropiques à l'androit des signes de Cãcer & Capricorne, où se font les solstices, cest à dire les retours du Soleil, lautre cercle est appellé le colure des equinoxes dautant qu'il passe à trauers l'equinoctial, par les signes d'Aries & de Libra: mais ie trouue assez de façon & confusiõ en la sphere depeinte, & qui n'est de relief sans y adiouster ces deux cercles desquelz on se peut passer, dautant que les signes du zodiac monstrent assez les solstices & equinoxes.

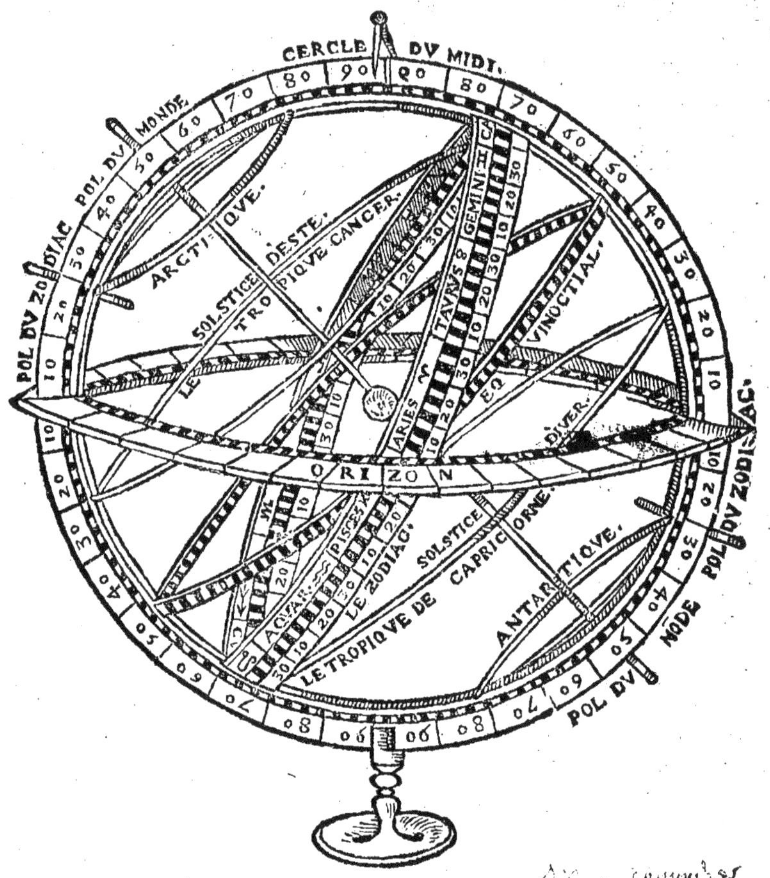

MARGVERITE.

Ie desireroye de veoir ceste figure en vn globe materiel.

CHARLES.

Vous pourrez faire vne sphere materielle en collant sur quelques vielles cartes ces cercles que voyez icy dépeins. La sphere cy dessus figuree vous pourra seruir d'exemple.

MARGVERITE.

es cau-
uoir du
ens de
iours,
vostre
belles
age de
ndeur
ite ma

ercles que
s suyuant
nlier l'vn
auec les
ioctial les
lanc bien
ller : puis
du cou-
rans aux
es pols du
es petites
x petites
pourrez
e Sphere
n iceluy
oyez icy
matiere
herez de
Cancer
siours à

POVR SOVTENIR

HORIZ

ORIENT.

ORIZON

10 20 30 40 50

20 30 40

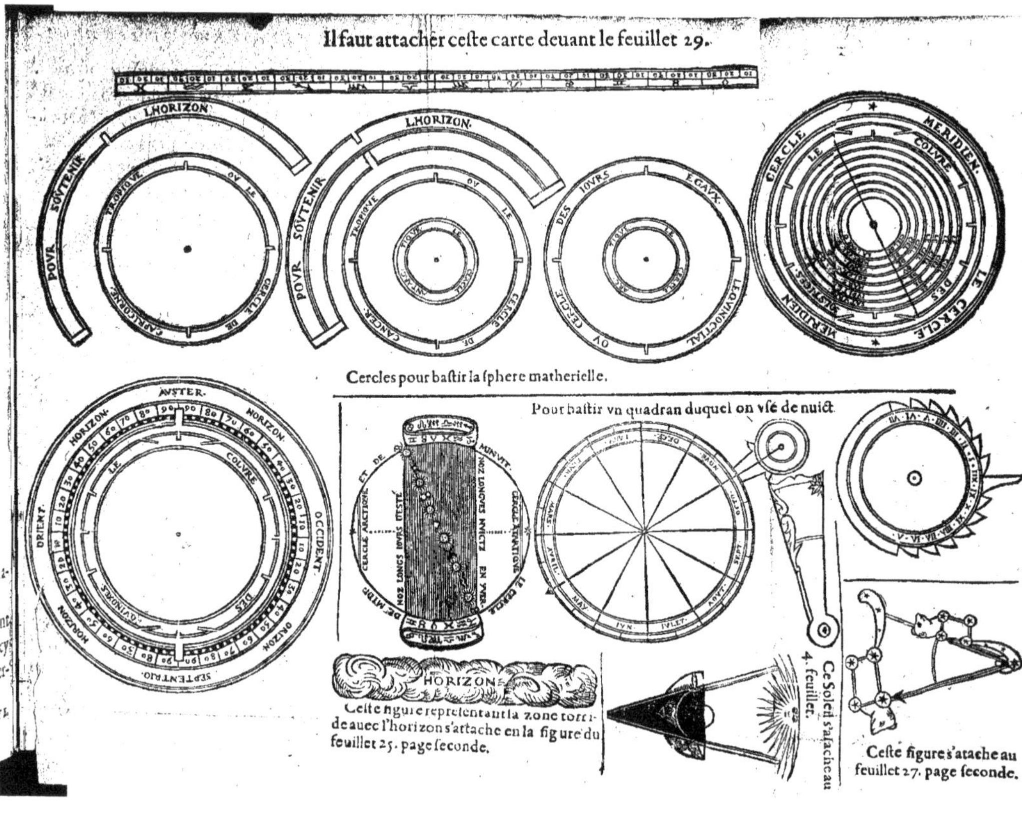

Il faut attacher ceste carte deuant le feuillet 29.

Cercles pour bastir la sphere matherielle.

Pour bastir vn quadran duquel on vse de nuict.

Ceste figure representant la zone torride auec l'horizon s'attache en la figure du feuillet 25. page seconde.

Ceste figure s'atache au feuillet 27. page seconde.

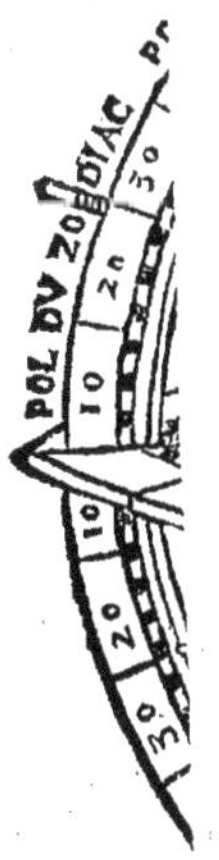

Ie de
teriel.
Vous
ſur que
dépeins
uir d'ex

MARGVERITE.

Ie ſuis infiniment contente d'auoir entendu les cauſes de ce qu'ay tant admiré par cy deuant, à ſcauoir du leuer & coucher du Soleil, des diuers changemens de la Lune, des Eclipſes, de l'egalité & inégalité des iours, & des quatre ſaiſons de l'ãnee. Mon Dieu que voſtre puiſſance eſt grande: la terre diapree de tant de belles fleurs, produiſant tãt de beaux fruicts pour l'uſage de l'homme, ne m'eſt plus rien, veu la beauté & ſplendeur du ciel lequel ie ne ceſſeray de contempler toute ma vie.

Pour conſtruire vne Sphere materielle il fault premierement coller ces cercles que voyez ici imprimez ſur quelques cartes, puis les coupper dedans & dehors ſuyuant les traictz du cõpas & entailles qu'i verrez, leſquelles entailles ſeruent d'enlier l'vn des cercles auec lautre: puis ayant fait vne ſphere de l'equinoctial aſſemblé auec les deux colures, vous adiouſterés à ceſte ſphere deça & de là d'iceluy Equinoctial ſes tropiques de Cancer & de Capricorne: liant iceux cercles auec du fil blanc bien delye, ou bien les collerez à l'androit dicelles entailles pour les mieux areſter: puis vous attacherez le cercle arctique du couſté d'iceluy tropique de Cãcer, & du couſté de celuy de Capricorne vous poſerez le cercle antartique. Il y a de petits crans aux colures pour accrocher ces deux petits cercles, au milieu deſquelz ſont les pols du monde. Or pour attacher ceſte ſphere au cercle meridien il fauldra ficher des petites pointes à l'androit de l'vn & l'autre pol, leſquelles pointes répondront à deux petites eſtoilles que iay dépeintes deça & de là au bout d'iceluy meridiẽ: ce fait vous pourrez tourner la Sphere ainſi attachee, d'Orient en Occident: & pour enlier icelle Sphere auec l'Horizon, il faudra couler le Meridiẽ dans deux entailles que verrez en iceluy Horiſon, lequel horiſon ſera ſouſtenu & porté ſur deux demis cercles que voyez icy dépeins, & attacherez iceux demis cercles à quelque pié de bois, ou autre matiere pour ſouſtenir ladite ſphere: ne reſte plus que le zodiac lequel vous attacherez de biais aux deux tropiques à l'androit du colure des ſolſtices, poſant le ſigne de Cancer ſur ſon tropique, & le ſigne de Capricorne ſur l'autre, vous conformant touſiours à la ſphere que voyez cy deſſus en platte peinture.

LIVRE SECOND CONTENANT LE MOVVEMENT DES Cieux, la diſtance qu'il y a de l'vn à l'autre, la qualité des planetes, la grandeur de la terre, & proportion qu'elle a auec les corps celeſtes.

CHARLES.

ET bien que vous ſemble de l'aſtronomie, eſt elle tant difficile qu'on dit?

MARGVERITE.

La ſcience n'eſt pas trop difficile, mais ie m'eſtonne qui en a eſté l'inuenteur.

CHARLES.

Telle inuentiō n'eſt pas aduenüe en vn meſme ſiecle, chacun y a adiouſté: car les premiers hōmes ont incontinent deſcouuert le mouuement du ciel eſtoillé qui ſe fait en 24. heures, d'Orient en Occident, & penſoient que le Soleil, la Lune, & tous les autres planetes fuſſent attachez en ce meſme ciel: mais quelques iours apres ils apperceurent la lune ne ſe coucher en meſme androict, à telle heure, ni auec les meſmes eſtoilles comme elle faiſoit les iours precedens, tirant euidemment du couchãt au leuãt, & cogneurent depuis que Venus & Mercure en faisoient de mesme: Quelque temps apres ilz virẽt Iupiter & Saturne chãger de place, & ne garder la mesme distance qu'ils faisoient auec les autres planetes & estoilles du firmament: que leur fit coniecturer que telles estoilles errãtes estoient attachees chacune en vn ciel particulier, ayant leur mouuement du couchant au leuant, contraire à celuy du firmament ou ciel estoillé, qui se fait du leuant au couchant: & par ainsi ils establirent sept cieux aux sept planetes, le ciel estoillé faisant le huictiesme.

Longs temps apres, Ptholemee qui regnoit soubz Anthonius Pius lan 140, s'apperceut que le firmament s'auancoit en cent ans d'vn degré du couchant au leuant, tournant sur les piuots du zodiac, qui sont les mesmes piuotz du Ciel du Soleil, & pouuoit faire son entiere reuolutiõ en 36. mil ans. Et depuis luy, Alphõse Roy Despaigne trouua que ce mouuement du couchãt au leuãt se faisoit en 49. mil ans. Or iceluy Ptholemee considerãt qu'il estoit impossible qu'vn mesme corps eut deux mouuemẽs tous cõtraires, en mesme instãt, il adiousta vn 9ᵉ ciel par dessus le firmamẽt, auquel il donna le mouuemẽt du leuant au couchãt, qui se fait en 24 heures, attribuant au firmament ou ciel estoillé le mouuement du couchant au leuant, sur les pols du zodiac. Et depuis Ptholemee, le Roy Alphõse & les Astronomes modernes ont aperceu que le ciel estoillé auoit encores vn autre mouuement, du Midi au Septentrion, remarquans plusieurs estoilles meridionales s'approcher de nous, dautres estans sur nous tirer droit au Septentrion, mesme lestoille qui nous monstre le pol estant au bout de la queüe de la petite ourse, laquelle estoille estoit du tẽps d'Hipparque à douze degrés du pol arctique, maintenãt elle en est à 4. degrez pres: ce que voyans les modernes ils ont adiousté vn dixiesme ciel, l'appellant premier mobil ou rauisseur, portant du leuant au couchant en 24. heures les neuf cieux qu'il contient dans soy, & cependãt le neufiesme porte le huictiesme ciel ou firmament du couchant au leuant, en quarãte neuf mil ans: Or le firmament ou ciel estoillé a ce mouuement du Midi à Septentrion qui luy est propre, & ne se remüe comme les autres cieux, faisant sa reuolution entiere, mais semble vn qui se grattãt cõtre sa chemise, abaisse vne épaule releuãt lautre en tournant les bras: ainsi ce huictiesme ciel approche par deux petiz cercles qu'il fait, le signe du Belier de nostre pol arctique abaissant le signe de la Balance vers lantarctique: & puis par succession de tẽps releuera la Balãce deuers larctique, déprimant le Belier vers lantartique, comme nous voyons en la figure suyuante: & se fait telle reuolutiõ en sept mil ans, lesquels sept mil ans multipliés par sept fois font quarante neuf mil ans, qu'est le temps de la reuolution du neufiesme ciel.

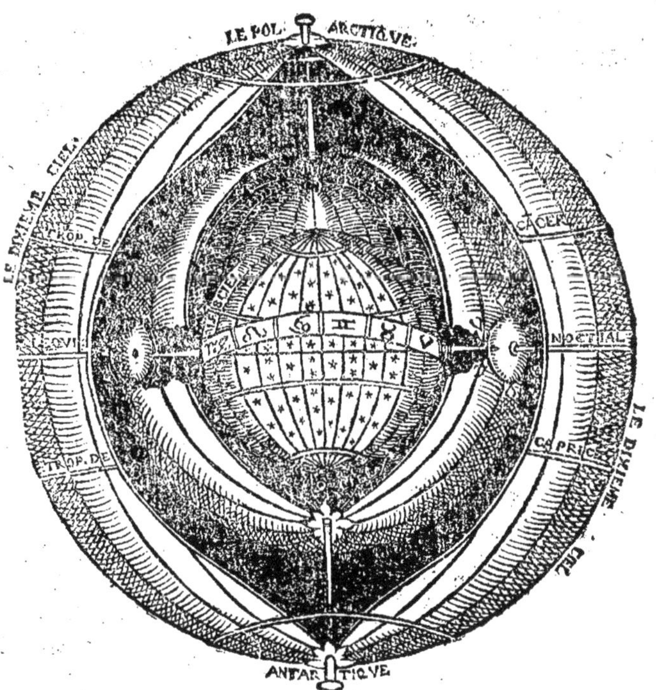

I'ay extraict ce que dessus des institutions astronomiques de Maistre Pierre de Mesme. Pour plus ample intelligence de ce mouuement, qui se fait du Midi a Septentrion, i'ay donné au huictiesme ciel deux petites pointes à l'androit des signes d'Aries & Libra, lesquelles pointes se vont rendre aux bours des deux demis Epicycles ou demyes boules embouties qu'ay posé en lepesseur du neufiesme ciel, & par ce moyen vous voyez en la figure cy dessus iceluy huictiesme ciel, suspendu & attaché d'vn cousté & dautre à ces deux demis Epicycles, desquelz l'vn tourne pour le present du cousté de Septentrion en haussant le signe du Belier, & lautre tourne du cousté de midi en abaissant la Balance. Iay laissé quelque interualle entre le 10e & 9e ciel, cõme aussi entre le 9e & le 8e, à fin de faire paroistre trois globes ou spheres l'vne dans lautre : mais à la verité ces cieux sont contiguz ioinnans l'vn contre lautre, & ni a point de vuide ou lieu vague entre eux.

MARGVERITE.

Ie ne puis bonnement comprendre par la figure cy dessus le triple mouuemẽt du ciel estoillé.

CHARLES.

Comment le comprendriez vous donc par la figure ſuyuãte, laquelle eſt des plus facilles que les Aſtronomes propoſent pour monſtrer la theorye du huictieſme ciel?

Les chefz d'Aries & Libra cõme auſsi lecliptique qu'on imagine en la 9e ſphere à fin de remarquer l'equartement de lecliptique du 8e ciel, ſont immobiles. Le demi diamettre des deux petits cercles que voyez deſcrits en la figure ſuyuãte par les chefz d'Aries & Libra du 8e ciel eſt de neuf degrez, ie l'ay fait vn peu plus ample à fin qu'on voye mieux le mouuement du ciel eſtoillé qui ſe faict de Midi au Septentrion. Les Latins appellent ce mouuement Motus trepidationis.

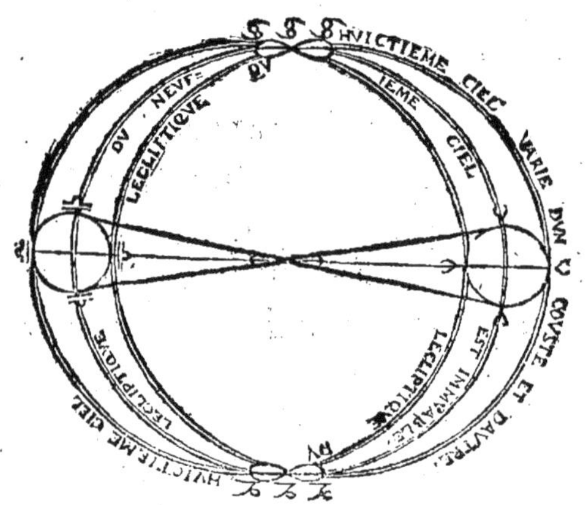

MARGVERITE.

Si i'entendoye les Mathematiques peut eſtre y cõprendroy-ie quelque choſe.

CHARLES.

La demonſtration de ce triple mouuement eſt fort difficile, dautãt qu'il eſt mal aiſé de monſtrer en platte peinture, & faire paroiſtre trois globes l'vn dans l'autre: vous vous contenterez de la figure ſuyuante.

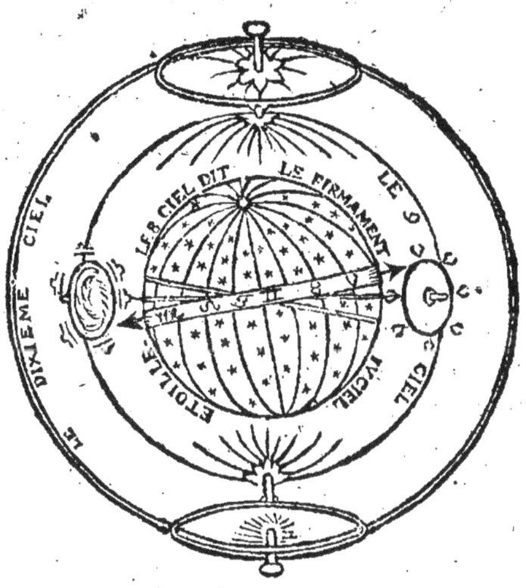

MARGVERITE.

Ie vois en la figure cy deſſus comme le firmament ou ciel eſtoillé a trois mouuemens, à ſcauoir celuy du 10ᵉ ciel qui porte iceluy firmamẽt ſur les pols du mõde, du leuant au couchant, luy faiſant faire vne reuolution à l'entour de la terre en 24. heures : I'apperçois le 9ᵉ ciel ayant vn autre mouuement tout cõtraire, rauiſſant iceluy firmamẽt du couchant au leuant, faiſant ſa reuolution entiere en quarante neuf mil ans : Et le mouuement de Midi à Septentrion, qui ſe fait en ſept mil ans, eſt le propre mouuemẽt du firmament ou ciel eſtoillé, lequel ne tourne rondement cõme le neufieſme & dixieſme ciel, mais ſemble balancer eſleuant quelque fois le Belier, puis le ſigne de Libra. La varieté des mouuemẽs cy deſſus a fait eſtablir deux cieux par deſſus le firmamẽt encores qu'on ne les voye pas, à fin de ſauuer l'apparence de ſon triple mouuement. Ie de-

ſire

sire sçauoir maintenant si le ciel du Soleil est raui par les mouuemens de quarante neuf mil & de sept mil ans, comme il est par le mouuement de 24. heures.

CHARLES.

Le ciel superieur qu'est concentrique à la terre, rauit auec soy le ciel inferieur.

Concentrique à la terre, c'est à dire qu'a vn mesme centre que la terre, ne s'aduançant deçà ni delà, cõme font les cieux portans les sept planetes, lesquelz approchent la terre plus d'vn cousté que d'autre.

MARGVERITE.

Saturne qui est le premier ciel des planetes, rauit donc auec soy les six cieux contenuz en iceluy?

CHARLES.

Non fait, car il est excentrique a la terre, & ny à que le firmamẽt & les deux cieux par dessus luy qui rauissent les autres, dautant quils ont le mesme centre que la terre.

Il faut noter que Iupiter ne tient rien du mouuement de Saturne: Mars ne tient rien de celuy de Iupiter, & ainsi des autres cieux inferieurs, dautãt que les cieux des planetes sont excentriques à la terre, enfermees entre deux cieux qui leur seruẽt comme destui & lieu dans lequel ils font leur mouuement. Ces deux cieux qui enfermẽt l'excentrique ou ciel portant le corps du planete s'appellent orbes difformes, dautant qui sont espes d'vn cousté & delies d'vn autre, cela ce fait à fin de reformer lexcentricité du ciel du planete: les Astronomes les apellent aussi porteurs de laux des planetes, & n'ont point de mouuement que celuy du 8e, 9e & 10e ciel.

MARGVERITE.

Ce dernier mouuement du huictiesme ciel, qui se fait du midi à Septentrion, peut donc approcher de nostre pol l'ecliptique ou cours du Soleil, & par ce moyen rendre nostre terre septentrionale plus habitee & temperee.

Les equinoxes & solstices se changent continuelment par ce mouuemẽt du 8e ciel qui se fait de Midi à Septentrion, desorte que les iours égaux ne sont pas tousiours, lors que le Soleil est en Aries ou Libra, ni les solstices, le Soleil estant en ♋ & ♑, la voye du Soleil varye comme lecliptique du huictiesme ciel, suyuant du tout icelle.

CHARLES.

Il n'en fault pas douter, & voyons plusieurs pays Septentrionaux, lesquels estoient cy deuãt desers, qui se commancent à peupler, tant à cause que lecliptique ou la voye du Soleil s'approche de nostre pol, qu'à cause que laux ou éleuation diceluy Soleil est à presẽt au second degré de Cancer, qu'est le signe le plus voisin du pol arctique. Voyla cõme la prouidence diuine approche petit à petit le Soleil pour faire fructifier plusieurs terres, lesquelles estoient cy deuant steriles faute de chaleur, & ce pendant les autres terres quétoient lasses de porter sont en sombre, & se reposent iusques à ce qu'elles ayẽt laux du Soleil sur leur emisphere.

MARGVERITE.

Ce seroit vn grand plaisir que le Soleil se tint tousiours ainsi proche de nous: mais ie crois qu'il s'en retirera quelque fois par le moyen des reuolutions du huictiesme & neufiesme ciel.

CHARLES.

Nous ne deuons pour cela nous ébair: le terme vaut l'argent: ioinct que nostre France n'est pas tant Septentrionale qu'elle deuienne deserte pour vn tel chãgement de ciel.

MARGVERITE.

Vous ne me disiés pas cy deuãt qu'il y eut dix cieux, & ne m'aués dépeint que le firmament, auec les cieux des sept planetes.

CHARLES.

Qu'aués vous affaire d'en cognoiſtre dauantages: laiſſons ces ſubſtilités aux Aſtronomes qui veullent épiloguer les choſes de pres: à peine péut-on en mil ans ſe donner garde de l'efeict & mouuement de ces deux cieux ſupernumeraires, & n'eſt beſoin vous en tormenter.

MARGVERITE.

Si ie me cõtente de huict cieux, il faut dõc attribuer au firmament, le mouuement qui ſe fait en 24. heures, d'Orient en Occident, & ne faut plus parler des deux autres mouuemens.

CHARLES.

Vous l'entendes maintenant, & en ſçaués aſſés pour voſtre prouiſion.

MARGVERITE.

Ie vois en toutes les figures cy deſſus le firmament rond comme la terre, quelle preuue en auez vous?

CHARLES.

Nous voyõs la petite & grande Ourſe auec d'autres eſtoilles tourner en rond à l'entour du pol arctique leſquelles ne ſe couchent iamais: dautres vn peu plus éloinnees du pol qui nous ſont cachees, mais elles ſe releuent auſſi toſt, à cauſe que la rondeur de la terre & tumeur qui nous en oſte la veüe n'eſt pas long a paſſer: dautres eſtoilles demeurent autant ſoubz terre que deſſus, dautres que ne voyons preſque point, & dautres que ne voyons aucunement en ces pays ici, comme celles qui tournẽt à l'entour du pol arctique, leſquelles ſont veües perpetuellement de nos antipodes, cõme nous voyons en la figure ſuyuante.

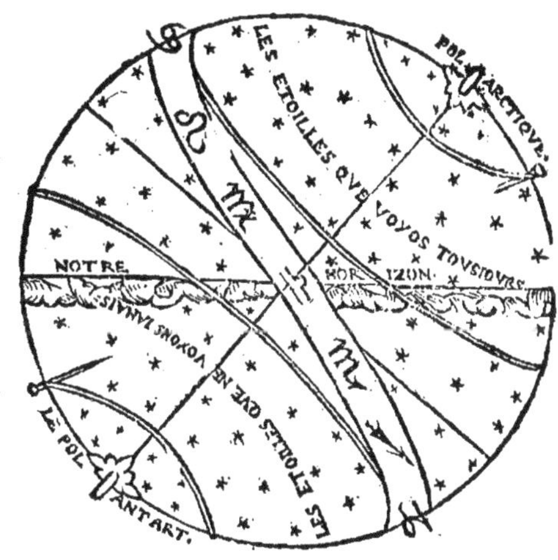

Par laquelle il eſt aiſé à veoir que le firmament eſt rond, puiſque par toute la terre on voit ſon mouuement tendre en rond, ſaccordant auec la rondeur du globe terreſtre.

Si le ciel ne tournoit en rond il ſenſuyuroit vne abſurdité : ceſt qu'on verroit les eſtoilles ſapprochãs de nous eſtre plus grandes, & quant elles ſéloinneroient elles apparoiſtroient plus petites, ce que n'aduient iamais : car elles nous apparoiſſent de meſme groſſeur par tout le ciel : que nous donne argument certain qu'icelles eſtoilles ſont fichees en vn ciel tendant en rond, comme on voit en la figure ſuyuante.

Il y a dautres raiſons pour preuuer la rondeur du ciel priſes du triple mouuemēt du firmament, comme auſſi de la phiſique : car ſi le firmament n'eſtoit rond ſes angles laiſſeroient en tournant des places vuides, qu'eſt vn abſurde en Phiſique.

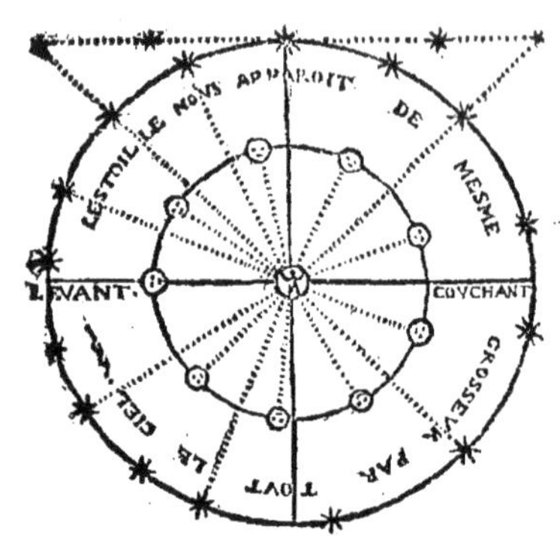

MARGVERITE.

Ie vois quelque fois le Soleil, la Lune, & autres estoilles plus grandes à vne fois qu'a vne autre.

CHARLES.

Si nous voyons lestoille apparoistre quelque fois plus grãde à son leuãt ou couchãt qu'elle ne fait estãt sur nous, cela aduiẽt à cause des fumees & vapeurs de la terre qui s'interposent entre lestoille & nostre veüe, rendans icelle estoille ainsi grande : il en aduiendra de mesme si nous interposons vn verre entre nostre veüe & vn denier, ou que nous iectiõs iceluy denier en leau claire, il nous apparoistra plus grand qu'estant dehors, comme on voit en la figure suyuante.

On voit par fois la lune rouge comme du sang, quelque fois iaunastre, cela prouient à cause des exalations terrestres interposees entre nostre eul, & le corps lunaire. Il faut noter que les vapeurs & exalations nous apparoissent plus fortes & épesses proches la terre, que lors quelles s'eloingnẽt de nous, s'esleuans plus haut sur nostre Horizon : cest pourquoy icelles vapeurs & exalations monstrent lestoille plus grosse à son leuant ou couchant que lors quelle aproche la line de midi.

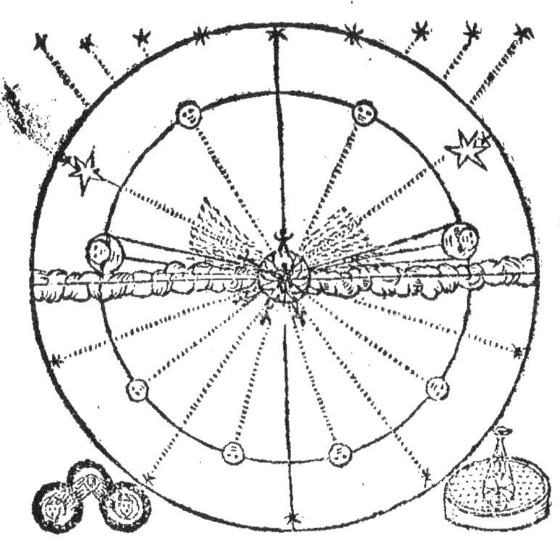

MARGVRITEE.

Vous m'aués donné cy deuant assez d'argumens pour conclure que le firmament est rond: ie desire maintenant d'entendre la disposition & constellatiō des figures celestes qu'on dit estre en iceluy.

CHARLES.

Toutes les estoilles que voyōs, hors mis les sept planetes, sont toutes affixees au firmament, & ne peuuēt en tournant se reculer ou approcher les vnes des autres, ni plus ni moins que les cloux fichés en la roüe, lesquels tournent auec le mouuement dicelle. & voyons perpetuelment entre elles vne distance égale. Ces estoilles ont esté reduictes en 48. figures celestes: à sçauoir, 21. depuis le zodiac iusques au pol arctique, composees de trois cens soixante estoilles. Il y a douze figures au zodiac, à sçauoir Aries, Taurus, Gemini &c, lesquelles sont composees de trois cens quarāte neuf estoilles: & depuis le zodiac iusques au pol antartique il y a quinze figures celestes, composees de trois cens seize estoilles: Somme on conte au firmamẽt mil vingt cinq estoilles, sans y comprendre celles que ne voyons iamais, cõme aussi cinq estoilles nebuleuses ou louches, & neuf obscures.

MARGVERITE.

Si est ce qu'on dit vn cõmun prouerbe: ils ne se peuuent nombrer non plus que les estoilles du ciel.

CHARLES.

Il y a plusieurs petites estoilles confuses, cõme sont celles qui marquẽt le chemin S. Iacques, qu'õ appelle *via láctea*, lesquelles n'ont esté cõprises au nõbre cy dessus, dautant qu'on ne les peut bõnement remarquer, & sont telles estoilles innumerables.

MARGVERITE.

Comment pourray ie cognoistre les quarante huict figures celestes, dont vous m'aués parlé cy dessus.

CHARLES.

Voici vn globe celeste partagé en deux Emispheres, à fin de veoir d'vn cousté & dautre, auquel globe vous pouués cognoistre les figures que demandés auec les estoilles les plus notables.

Premierement vous y voyés le zodiac composé de douze figures ou signes, ascauoir le Beler, le Toreau, les Gemeaux &c, lesquelles figures sont plus amplement descrites en la table suyuante, auec le nom des autres figures celestes tant Boreales, que Meridionales, estant deçà & delà du zodiac.

Il y a du cousté de Septentrion vingt & vne figure à sçauoir.

La petite Ourse.
La grande ourse ou le cheriot.
Le Dragon,
Cephee.
Le Bouuier dict Bootes.
La coronne Boreale.
Hercules.
Le V[illegible]our, ou la Lyre.
Le Cygne, ou la Geline.
Perseus tenant le chef de Meduse,
Cassiopee.
Le cherretier a sur son épaule vne estoille nommee la Cheurette.
Le Serpentaire.
Son Serpent.
La Sagette.
Laigle.
Le Dauphin.
Le Poulain miparti.
Le Pegase, ou Cheual aislé.
Andromede.
Le triangle.

Voyci les douze figures ou signes du zodiac.

♈. *Le Belier a entre sa queue & la teste du Toreau sept estoilles nommees Pleiades, ou la Poussiniere.*
♉. *Le Toreau a en la teste vne estoille dicte leuil du Toreau.*
♊. *Les Gemeaux.*
♋. *Cancer ou Lescreuisse.*
♌. *Le Lion. On ny voit vne estoille dicte le ceur du Lion.*
♍. *La Vierge a proche sa main gauche vne estoille nõmee lespi de la vierge.*
♎. *Libra ou la Balance.*
♏. *Le Scorpion a en sa figure vne estoille dicte le cœur du Scorpion.*
♐. *Larcher ou Sagitarius.*
♑. *Le mi bouc ou Capricorne*
♒. *Aquarius ou verse eau.*
♓. *Pisces, ou les Poissons.*

Deuers midi il y a quinze figures a sçauoir.

La Balene.
Orion ou bourdõ S. Iacques.
Le fleuue Eridan dit le Po, au bout duquel y a vne estoille dicte Acanar.
Le Lieure.
La grande Chienne.
La petite, ou Canicule.
Le Nauire a vne estoille luisante au gouuernal dicte Canobe.
Le Hanap.
Le Corbeau.
Le Centaure ou Chiron.
Le Loup.
L'autel.
La Coronne Australe.
Le Poisson Austral.

Iay pris le globe celeste, que voyez ici dépeint sur vn qu'a faict imprimer le Sieur Morelius à Paris, lan 1559, & sur vn autre qu'est quasi de mesme, Imprimé à Venise en lan 1565. lequel globe est attaché aux commentaires de Lucillus Philaltheus sur Aristote de Cælo, & me suis reglé sur plusieurs autres Globes semblables: Et depuis estant mieux informé de l'Astronomie, iay trouué que les Equinoxes & Solstices sont trop auancés en tous ces globes, & que les figures celestes n'y sont iustement disposees comme ie desireroye: ie ne les ay toutefois corrigé, dautant que si la guerre dure dauantages nous deuiendrons tous Astronomes cõtemplans presque toutes les nuictz, estans sur les bouluars de ceste ville, & voyãs passer deuant nos yeux ces figures celestes, lesquelles chacun pourra disposer selõ qu'on les voit au ciel, & leur donner tel nom que bon semblera, suyuant leur formes & constellations,

Faut icy attacher le Globe celeste.

MARGAERITE.

Vous m'auez monſtré aux figures precedentes le zodiac de trauers, comme vı écharpe, ie le vois droict, rond comme vn cercle au globe cy deſſus, d'où vient cel

CHARLES.

Ie vous repreſente vne Sphere tournant ſur les pols ou piuots du neufieſme cie ayant le zodiac iuſtement entre l'vn & lautre diceux piuots. Quant vous voyés le zc diac diſpoſé en écharpe, ceſt lors que le faiſons tourner obliquemēt ſur les deux po ou piuots du premier mobil, comme vous voyés en la figure ſuyuante.

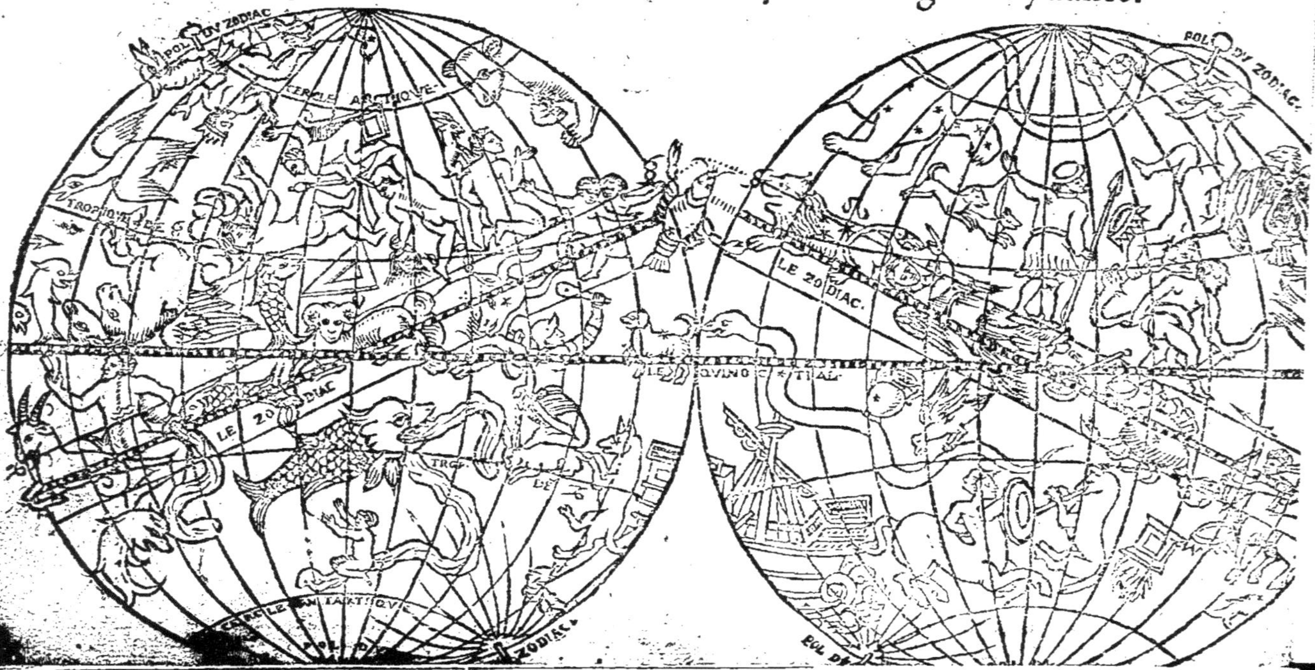

MARGVERITE.

Voila le zodiac comme ie le demande: mais vous m'aués dict cy deuãt qu'il estoit cõposé de deux arcs, l'vn panchant du cousté de Septentrion, & lautre du cousté de midi.

CHARLES.

La figure suyuante du globe celeste est disposee en la sorte que la demandez.

A. Solstice d'Esté. B. Solstice d'Iuer. CC. Equinoxe vernal & de l'Autonne.

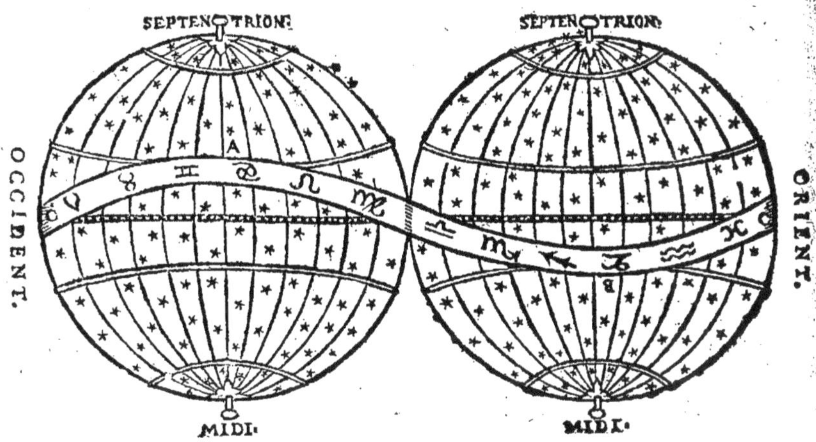

MARGVERITE.

Ie vois aux globes precedens vne confusiõ, les figures sont elles de mesme au ciel?

CHARLES.

Ie regarde quelque fois le ciel, & remarque cinq ou six de ces figures, mais les constellations ne represent pas les figures que voyons dépeintes aux globes cy dessus, il y a bien à dire.

MARGVERITE.

Puisque ce n'est qu'abus, pourquoy m'entretenés vous en ceste erreur?

CHARLES.

Appellés vous abus ou folye vne chose qu'est traitee par tant de grãds personnages, lesquels ne dedainnẽt de descrire, faisant de grands discours des figures cy dessus, monstrans où est le chef de Meduse, où sont les Pleïades, cõme Orion est planté sur le dos du lieure, entre les Gemeaux & les cornes du Toreau, remarquans par vn long discours toutes les particularités des figures celestes, attribuans beaucoup de vertus à lépi de la Vierge conioint auec vn bon planete, detestans le chef de Meduse, principalment quant il est auec vn planete malin. Il n'est pas à presumer qu'ils ayent pris tãt de peine à descrire ces choses, n'estoit qu'ils estimoient les figures celestes estre tres-necessaires à l'Astronomie, fondees sur grãdes raisons & lõgue experience. Or pour vous releuer de peine de lire vn grand discours qu'on en pourroit faire, iay dépeint aux globes cy dessus toutes ces figures celestes, lesquelles vous voyés chácune en leur lieu, & pourront vous seruir en lisant les pœtes qui parlent quelque fois d'icelles figures.

MARGVERITE.

Que veut dire ceste bande que i'ay veu au premier globe, tantost large, tantost étroite, laquelle trauerse iceluy globe & figures celestes?

CHARLES.

Cest le chemin blanc ou chemin S. Iacques, que les Latins appellent via láctea, prouenant de la clairté des rayons de menües & infinies estoilles qui sont au firmament, lesquelles nous causent en la premiere region de lair vne lumiere confuse: dautant que nostre œul ne pouuant discerner icelles estoilles, à cause quelles sont fort pressées & menues, voit seulemēt la splendeur des rayõs dicelles lors que l'air est fort clair & serain, & selon que telles estoilles sont respandues & disposees nous voyons la blancheur de mesme, large en quelques androitz, & en d'autres plus étroicte.

On l'appelle Galaxia du mot Grec Gala qui signifie du laict: dautant que ceste bande est blanche comme laict. Les Poëtes dient que Phaeton cõduisant le cheriot du Soleil à trauers le ciel, & montant trop hault brúla iceluy ciel suyuant la blancheur qu'on voit. Daucuns dient que ceste blancheur que voyons au firmament, est l'androit le plus espes & massif diceluy, & non toutesfois assez massif pour reluire comme les estoilles qui sont en vn endroit du ciel, qu'est beaucoup plus solide.

MARGVERITE.

Doù vient que nous voyons d'aucunes estoilles plus petites que les autres, est ce à cause qu'elles sont plus élõgnees de nostre veüe, estãs plus auant fichees en l'epesseur du firmament?

CHARLES.

Les Astronomes dient qu'il y a de six sortes destoilles, à scauoir quinze de la premiere grandeur ou grosseur, sans y comprendre celles qui sont au pol antartique que nous ne voyons iamais. Il y a 46. estoilles de la seconde grandeur, les autres sont de la troisiesme, quatriesme, cinquiesme & sixiesme grandeur: celles de la premiere grosseur sont marquees aux globes cy dessus, auec plusieurs de la seconde, & autres estoilles que les Astronomes ont accoustumé d'obseruer.

MARGVERITE.

Cest assés parlé du firmament, venons aux sept planetes cōtenuz en iceluy, lesquels il rauit en 24. heures d'Orient en Occident, & ce pendāt ils ont leur cours naturel, estant portez par leur ciel du couchant au leuant: Ie desireroye sçauoir en cōbien de temps chasque planete faict sa reuolution naturelle à l'entour de son ciel.

CHARLES.

Saturne faict sa reuolution naturelle en trente ans, Iupiter en douze, Mars fait son cours en deux ans, le Soleil en vn an: Venus & Mercure font leur reuolution en vn an comme le Soleil ou peut s'en faut: la Lune en vingt huict iours ou enuiron.

Nous voyons la nouuelle lune qui nous apparoit quelque fois plus tost . par fois plus tard: cela prouient à cause de son aux & Epicycle qui pormennent le cors de la lune, tantost hault, tantost bas, puis d'vn cousté & d'autre.

Venus & Mercure precedent quelque fois le Soleil, quelque fois vont apres selon qui se rencoūtrent en leur epicycles: car si sont retrogrades le Soleil les passe, si sont directes, cest à dire si sont portés par leur epicycles selon lordre des signes, du couchant au leuāt, ilz vont plus viste que le Soleil, & le precedent en fin. On n'apperçoit point ces deux planetes quant ils sont conioins au Soleil, cest à dire à landroit d'iceluy: ils accompaignent tousiours le Soleil estans l'vn deçà lautre de là: car quāt Venus est du cousté de Midi, Mercure est du cousté de Septentrion, & tout au cōtraire. Venus ne séloinne du Soleil que de 47. degrez, & Mercure de 28. & demy.

MARGVERITE.

Cōme peut-on distinguer du premier coup les planetes des estoilles fixes, cest à dire fichees au firmamēt?

CHARLES.

Les planetes ne sont brilans ou étincelans comme les estoilles fixes, & pouuons aussi distinguer vn planete de lautre par la couleur: car Saturne est de couleur pále & plombine, il est quatre vingt dix fois plus gros que la terre.

Lestoille de Iupiter est de couleur claire, nette, luisante, & plaisante à veoir : elle éclaire si fort qu'elle peut faire ombre apparante, mesmement quant elle est au bas de son epicycle : elle est septante deux fois plus grosse que la terre.

Mars se mõstre rouge, ardent & enflambé par dessus tous les autres planetes. Il est vne fois & demye plus gros que la terre.

Le Soleil est assés cogneu, surpassãt tous les planetes en beauté. Il est cent soixante & six fois plus gros que la terre.

Apres le Soleil & la Lune Venus est l'astre le plus luisant, éclairant en defaut de la lune, & faisant ombre apparent lors principalment que ce planete est au bas de son Epicycle, & plus proche de la terre, sa grosseur n'est pas encores bien arrestee, quelques vns dient qu'il est aussi gros que la terre, dautres le font beaucoup plus petit.

Lors que Venus precede le Soleil au point du iour, on l'appelle lucifer : c'est a dire porte lumiere. Quant Venus apparoit le soir se couchant apres le Soleil, on l'appelle Hesperus, ou Vesper.

Mercure est fort clair & luisant, mais fort petit, estãt vingt mil fois moindre que la terre : ce planete ne peut abandonner le Soleil que de 28. degrés & demi : pour ceste cause il ne se peut bonnement veoir, sinon quant il est à l'opposite de son aux & plus proche de la terre : il se voit principalment aux mois de May ou de Iuin, au leuer du Soleil, ou à son couché : mais il se remarque mal'aiſement tant à cauſe des vapeurs de la terre, qu'à cauſe qu'il eſt voiſin du Soleil.

La Lune eſt manifeſte à vn chácun: elle a des taches & macules qui ſemblent luy marquer le nez, les yeux, & la bouche : mais à la Verité elle n'a rien de cela, dautant que ceſt vn cors rond comme vne boule, polly de tous couſtés cõme vn miroir : ces taches que voyons en icelle ne ſont autre choſe que la partye de ſon corps la plus rare, comme nous voyons aux pierres de moulins, leſquelles ſont blanches à l'androit où elles ſont plus maſſiues & dures, & es autres androis plus tendres & obſcures. Le corps lunaire eſt 40. fois plus petit que la terre.

Le nom de planete vient du mot Grec Planítis, ceſt à dire errant : dautant que les Planetes ſemblent errer, les voyant s'approcher, parfois ſéloinner l'vn de lautre.

Hipparque & depuis luy Ptholemee ont meſuré auec leur ſubtilz inſtrumens Geometriques, & obſerué le diametre de la Lune par le moyen de l'ombre que fait la terre pendant leclipſe d'icelle lune: ils ont auſſi par meſme moyen meſuré la groſſeur du Soleil, qu'eſt 6 6 50. fois plus gros que la lune. Iay extrait ce que deſſus des inſtitutions Aſtronomiques du Sieur de Meſme, leſquelles vous pourrés veoir.

MARGVERITE.

Vous m'auez dit cy deuant que la lune ne luiſoit que d'vne lumiere empruntee du Soleil, en eſt il de meſme des autres cinq planetes?

CHARLES.

Ouy certainement, & vous faut noter que le Soleil eſt au milieu des ſix planetes, éclairant par en haut Saturne, Iupiter, & Mars : & par embas Venus, Mercure & la lune: & n'ont ces ſix planetes aucune ſplendeur que du Soleil, comme nous voyons en la figure ſuyuante.

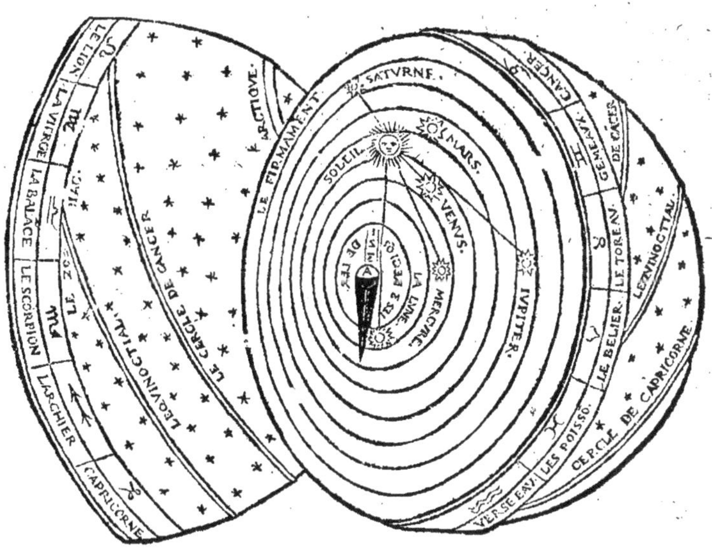

MARGVERITE.

Ie ne pensois pas que le Soleil fut enfermé au milieu des sept planetes, dautant que ie le vois s'élargir par le ciel estant en esté fort haut, & en yuer plus proche de la terre: il faut donc qu'il anticipe sur les cieux des planetes voisins?

CHARLES.

Non fait: dautant que son ciel a assés d'épesseur par laquelle il monte & redescent, comme nous voyons par la figure suyuāte, representant le ciel du Soleil, lequel ciel est composé de trois spheres: celle du milieu porte le corps d'iceluy Soleil, & les deux autres deçà & de là seruent comme d'étui ou place contenant icelle Sphere du milieu laquelle est excentrique, c'est à dire n'ayant pas la terre pour son centre, & ne tournāt regulierement à lentour d'icelle, mais s'approche

plus

plus pres d'vn cousté que dautre : Or estant le Soleil attaché en ce ciel excentrique, il est necessaire qu'estāt tourné par iceluy il approche quelque fois la terre, quelque fois qu'il s'en élōgne suyuāt la partye du ciel auquel il est attaché, & par le moyen des épesseurs des deux Spheres, estās deçà & delà d'iceluy excentrique, tout s'accorde si bien qu'iceluy soleil n'anticipe sur les cieux de Mars & Venus qui sont les planetes voisins.

Ces deux Spheres estans deçà & delà de lexcentrique, lesquelles on nōme les orbes difformes, ne tournent auec iceluy excentrique, & sont immobiles n'ayans aucun mouuement de soy, il est vray qu'elles sont rauies & participent du triple mouuemēt du firmamēt, comme tous les cieux inferieurs.

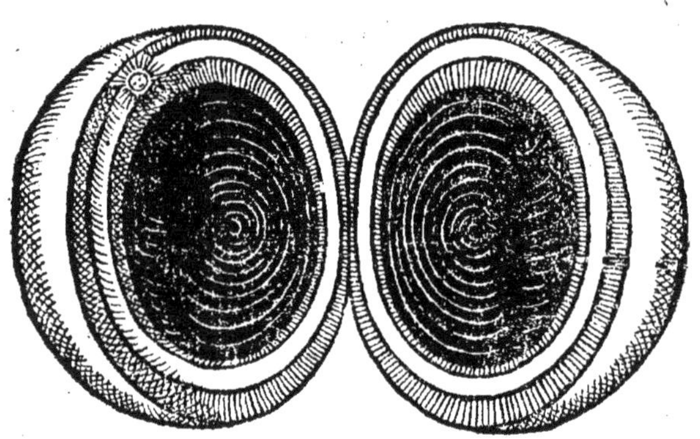

MARGVERITE.

Les cieux des autres planetes sont ils ainsi composés de trois Spheres?

CHARLES.

Tout de mesme que celuy du Soleil : il est vray que d'aucuns planetes s'écartent plus de la terre, les autres moins, comme vous voyez en la figure suyuante.

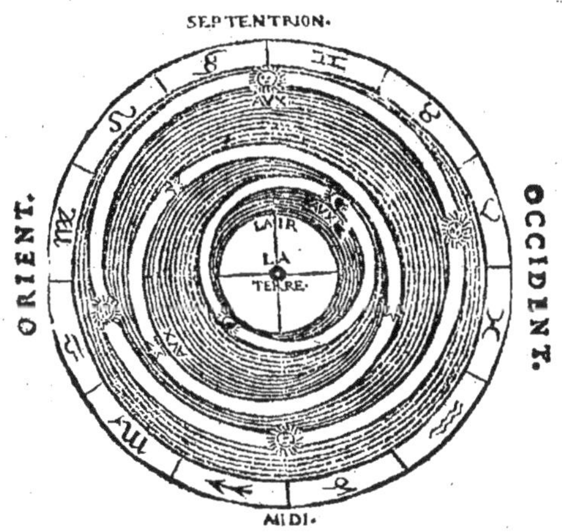

MARGVERITE:

Vous m'aués cy deuant monſtré pluſieurs figures eſquelles tous les cieux eſtoient concentriques, ayans le meſme centre que la terre, & maintenant vous les faictes excentriques.

CHARLES.

Ie ne vous mõtroye par icelles figures que l'epeſſeur des cieux des planetes, & vous faut imaginer en lépeſſeur de chacun d'iceux trois Spheres, comme dict eſt, leſquelles eſtans cõiointes par enſemble ne font qu'vn ciel, le rendant concentrique à la terre.

MARGVERITE:

Que veut dire ceſte figure ſuyuante où i'apperçois la zone torride, & la voye du Soleil biaiſant à trauers icelle zone deſcriuant le zodiac?

SEPTENTRION.

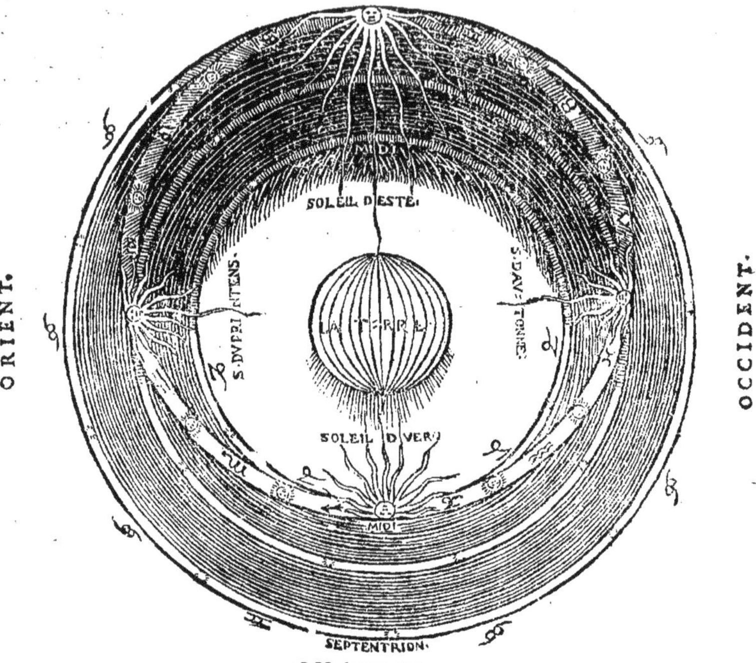

ORIENT.

OCCIDENT.

CHARLES.

Ceste figure nous demonstre comme le ciel excentrique portãt le corps du planete est raui sur les pols du monde ou premier mobil, d'Orient en Occident, à l'entour de la terre, bouluersant tantost d'vn cousté tantost d'vn autre, encores qu'iceluy ciel portant le planete ayt ses piuotz particuliers, à l'entour desquels il tourne rõdement, d'Occident en Orient, approchãt toutefois la terre plus d'vn cousté que d'autre: Or pour rendre ce ciel concentrique à la terre Dieu luy a dõné vne Sphere dessus, & vne dessoubz, plus épesses en vn androit qu'en l'autre, à fin de borner son excentricité, & empescher qu'il n'enticipe sur le ciel du planete voiſin.

On voit euidemment en la figure cy deſſus les Equinoxes & Solſtices, ou retours du Soleil lors qu'l eſt peruenu aux ſignes de Cancer & de Capricorne.

Nous voyons auſſi en ceſte figure comme le Soleil raui ſur les piuots du monde ou premier mobil, faict en eſté eſtant au ſigne de Cancer en ſon aux, ceſt à dire ſa plus haute éleuation, vn plus grand cercle lumineux en la zone torride, qu'il ne fait en yuer deſcendant au ſigne de Capricorne: La figure ſuyuãte qu'eſt en perſpectiue nous monſtrera ceci plus clairement.

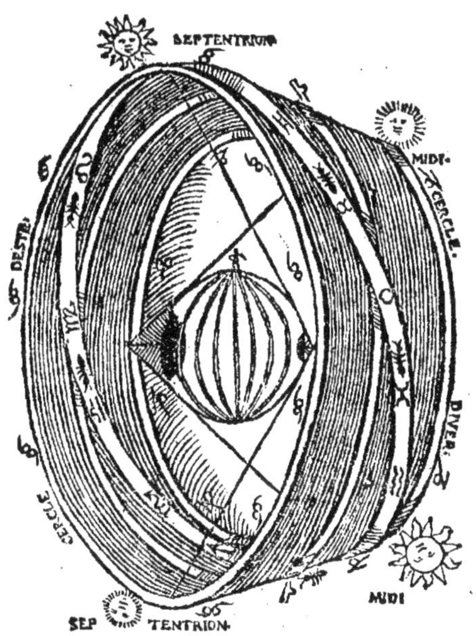

Iay fait la terre ainſi groſſe à fin qu'on apperçoiue clairemẽt l'effect du grãd & petit cercle lumineux que fait le Soleil eſtãt raui en 24. heures par le premier mobil.

Laquelle figure auec la precedente nous demonſtre auſſi comme le Soleil ſuyt touſiours lecliptique, qu'eſt vne line qu'il décrit de ſon centre au milieu du zodiac, & par le moyen de sa voye oblique biaisant cõme vne écharpe à trauers de la zone torride, il cause en terre les quatres saisons de l'annee.

MARGVERITE.

Ie vois par les figures cy dessus comme le Soleil a vn mouuement du Midi au Septentrion, à cause que son ciel n'a ses piuots respondãs à ceux du premier mobil: car combien qu'iceluy Soleil tourne rondement en son ciel, auquel il est fiché comme vn clou en la roüe, n'allant n'i çà ni là, si est ce que le cours de son ciel luy cause trois mouuemens: l'vn du couchant au leuant, qu'est sõ propre mouuemẽt, l'autre du Midi à Septentrion, à cause que le sentier d'iceluy Soleil trauerse l'Equinoctial, croisant iceluy à l'ãdroit des signes d'Aries & Libra: Le tiers mouuement est celuy par lequel le corps Solaire est porté de haut en bas, car il descent tousiours depuis son aux qu'est au signe de Cancer, iusque au point contraire & plus basse éleuatiõ, qu'est au signe de Capricorne, où estant iceluy Soleil remõte de rechef augmentant tousiours ses cercles recoquillés iusque au signe de Cancer: de mesme que la corde d'vne monstre à lentour de sa fusee.

Ces cercles recoquillés se font chascun iour à l'entour de la terre par le Soleil raui du premier mobil.

CHARLES.

Cest pourquoy nous voyons le corps du Soleil plus gros en yuer, car il est lors plus proche de nous.

MARGVERITE.

Puis-qu'il est plus proche de la terre en yuer, pourquoy ne nous échauffe il comme en esté qu'il en est plus loing?

CHARLES.

Ie vous ay dit cy deuant comme le Soleil néchauffe que de son centre & de ses drois rayons: Or en yuer il ne nous bat que de costiere, dautãt qu'il est es signes meridionaux, fort reculé de nostre Septentrion, que fait qu'encores qu'il soit plus proche de nous qu'en esté, si est ce qu'il n'a la force déchauffer nostre terre de ses rayõs obliques. Il y a encores vne raison, cest qu'estant iceluy Soleil au tropique de Capricorne, en yuer il demeure bien peu sur nostre horisõ, car cy tost qu'il est leué il se recouche, n'ayant moyen de beaucoup echauffer nostre terre Septentrionale, laquelle est cõtinuelment agitee de vens tempestatifz & frois, causans bien souuent la gelee.

Le Soleil s'approchãt en esté fort pres de nous est alors en son aux ou apogee, qu'est sa haute éleuatiõ, doù vient qu'il ne nous brusle si aigremẽt qu'il fait noz antipodes: car pendant leur esté le Soleil estant au signe de Capricorne en son perigee & fort voisin de leur terre les point plus viuement: l'yuer leur est aussi plus rigoureux qu'à nous, dautant que le Soleil les abandonne a lors de plus loing, estant en son apogee & plus éloingné de la terre. Ie ne scay toutesfois si iceluy Soleil n'est point de mesme, que le miroir ardent, lequel échauffe plus estant éloingné iusques à certaine mesure, qu'il ne feroit l'approchant de plus pres.

MARGVERITE.

Que veut dire la figure suyuãte, ou ie vois les douze signes auec plusieurs figures du Soleil?

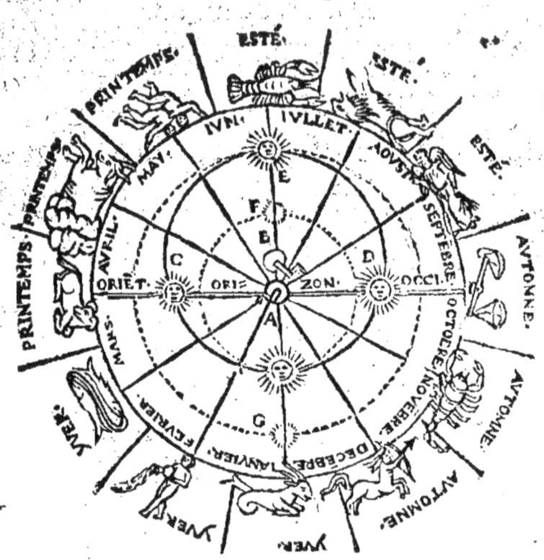

CHARLES.

Elle eſt de meſme que les precedentes: mais au lieu d'eſtre en perſpectiue, monſtrant la figure de relief ceſt vn plan Geometric auquel vous voyés le grand cercle G. que fait le Soleil ſur les piuots du premier mobil, lors qu'il eſt au ſigne de Cancer: & le petit cercle F. qu'il fait en la zone torride eſtant au ſigne de Capricorne. On voit auſſi comme le Soleil fait plus d'vn degré, paſſant plus diligemmẽt larc du zodiac Auſtral en yuer, qu'il ne faict larc Boreal en eſté: que nous donne certain argument que nos antipodes, & les regions Meridionales n'ont pas ſi longuement le Soleil ſur leur Emiſphere que nous autres qui ſommes Septentrionaux.

Ie marque en la figure cy deſſus lexcentricité du Soleil plus grande qu'elle n'eſt, à fin que le nouueau Aſtronome y puiſſe prendre garde: Lexcentricité de ce planete n'eſt que de 21. diametre terreſtre, pour ſi peu de cas on ne met grande difference entre l'inegalité de nos iours & de ceux de nos antipodes.

MARGVERITE.

Ie vois en la figure ſuyuante outre les trois Spheres deſquelles eſt compoſé cháque ciel du planete, vne petite boule laquelle eſt logee dans lépeſſeur de lexcentrique, ou ciel portant le planete, à laquele boule le corps d'iceluy planete eſt attaché.

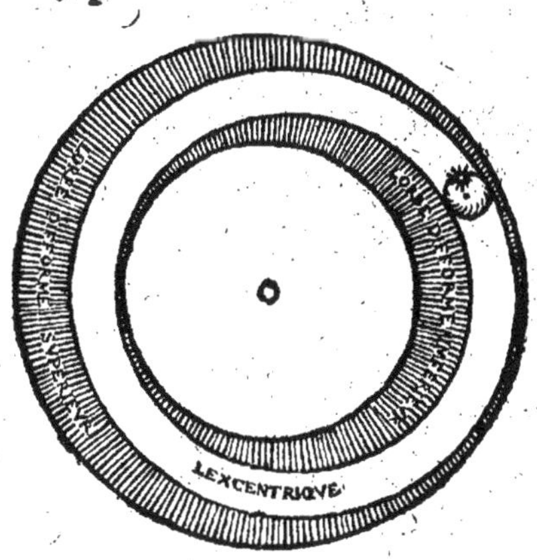

CHARLES.

Les Aſtronomes appellent ceſte petite boule lepicycle du planete, eſtant logé comme vous voyés dans lépeſſeur de lexcentrique, ou Sphere du milieu, ayant iceluy epicyle ſon mouuement du couchant au leuāt, de meſme que l'excentrique auquel il eſt attaché.

MARGVERITE.

Le corps du planete ſuyt il le mouuement diceluy Epicycle?

CHARLES.

Il eſt bien neceſſaire puiſ-qu'il y eſt attaché.

MARGVERITE.

Pourquoy donc l'Aſtronome a il dōné vn Epicycle au planete, puiſque lexcentrique pouuoit porter de meſme iceluy planete du couchant au leuant?

CHARLES.

CHARLES.

Il vous faut croire que tous les cercles & spheres que l'Astronome imagine au ciel ne seruent que pour sauuer les apparences & mouuemens qu'il voit au cours des astres: c'est pourquoy les voyãt tous tourner à l'entour de la terre, tirant d'Orient en Occident, il leur a donné vn ciel tournant de mesme: s'apperceuans puis apres que chasque planete auoit vn mouuement particulier, tout contraire au premier, les voyant tirer du couchant au leuant, les vns plus soudains, les autres plus tardifz, il leur a donné à chascun vn ciel suyuant leur mouuement: finalement l'Astronome apperceut le planete tourner du couchant au leuant, auec plus grande vitesse, par fois s'arrester tout court en son ciel, puis retrograder tirant du leuant au couchant, & faisant son cours naturel d'autre cousté qu'il n'auoit accoustumé les iours precedens, tãtost hault esleué, tantost proche de terre, ce que voyant il auisa les moyens comme vn tel mouuemẽt se pouuoit faire, & conclut qu'il estoit expedient de donner à l'excentrique ou deferent du planete vn epicycle: c'est à dire vne petite boule, ou Sphere, à laquelle le corps du planete seroit attaché, tournãt icelle boule ou epicycle du couchãt au leuant comme son deferent, c'est à dire le ciel qui le porte, tresnãt iceluy epicycle le corps du planete à l'ẽtour de sõ petit circuit, & lors qu'iceluy planete mõte au dessus de l'epicycle on l'appelle directe, c'est à dire tournant directement selon l'ordre des signes, & suyuant son ciel excentric du couchant au leuant: quant iceluy planete eſt au milieu de l'epeſſeur du ciel excẽtrique auq[illegible] eſt attaché l'epicycle, on l'appelle Stationaire, ceſt à dire immobil, n'allant ni auant ni arriere: & lors qu'iceluy planete redeſcent au bas de ſon epicycle, on l'appelle retrograde iuſques à ce qu'il eſt peruenu à l'autre point du milieu de l'epeſſeur de ſon ciel excentric, & lors on l'appelle de rechef Stationaire, lequel point eſtãt paſſé on appelle le planete directe: & ainſi tourne lepicycle ſans ceſſer aucunement, comme on voit en la figure ſuyuante.

MARGVERITE.

Tous les planetes ont ils des Epicycles?

CHARLES.

Le Soleil eſt ſeul entre les planetes, qui n'a point d'epicycle eſtant iceluy attaché en ſon ciel excentric purement & ſimplement, comme nous auons veu cy deuant en la figure de ſon ciel.

MARGVERITE.

Pourquoy n'appelle-on pas la lune directe, retrograde, & ſtationaire comme les autres planetes?

CHARLES.

A cauſe de ſon mouuement ſubit: combien qu'à la verité elle ayt vn epicycle tournant tout au contraire des autres, à ſcauoir, du leuant au couchant: de façon quelle eſt directe eſtant au bas de ſon epicycle, & retrograde eſtant en hault.

Quelque vn pourroit dire que la lune n'a point d'epicycle, à cauſe quelle nous monſtre touſiours vne meſme face: que ſi elle auoit vn Epicycle elle eſtant au bas diceluy nous monſtreroit lautre partye reſpondante directemẽt à la face que voyons icelle eſtant au deſſus de ſon Epicycle, ce que n'auient iamais: car nous voyons touſiours vne mésme face. On respond à cela que le corps de la lune est mobil, ayant le mésme mouuement que celuy de son Epicycle, c'est pourquoy elle nous monstre tousiours vne mesme face, c'est à sçauoir ces taches representans vne face humaine, de quelque costé que l'Epicycle puisse tourner. I'ay extrait ce que dessus des institutions Astronomiques du Sieur de Mesme.

L'epicycle des trois planetes superieurs, à sçauoir de Saturne, Iupiter & Mars, font vne reuolutiõ entiere depuis que le Soleil les a laissé, iusques à ce qu'il retourne à eux: telmẽt que le Soleil rencõtre tousiours les 3. pla. cy dessus au hault de leurs Epicycles.

Les deux planetes voisins du Soleil ont les Epicycles fort grands: Mars l'a plus grãd que Saturne ni Iupiter: Venus a l'Epicycle plus ample que Mercure, ni la lune: tant plus l'Epicycle est grand, d'autant a il l'arc de sa retrogradatiõ moindre que celuy de sa direction, d'où vient que Mars & Venus sont quelque fois en leur direction plus d'vn an, à cause de la grandeur de leurs Epicycles: Ils font plustost leur reuolution du long du zodiac, auec leurs excentriques, que la reuolution de leurs Epicycles.

MARGVERITE.

En quel espace de temps se faict la reuolution de l'Epicycle?

CHARLES.

Les vns ont vn mouuement plus soudain, les autres plus tardif: car l'epicycle de Saturne faict sa reuolution en 378. iours 2. heures qu'est vn peu plus d'vn an.

Celuy de Iupiter en 398. iours 21. heures estant plus tardif que l'epicycle de Saturne.

Celuy de Mars en 779. iours 22. heures

Le Soleil n'a point d'Epicycle.

l'Epicycle de Venus faict sa reuolutiõ en 582. iours 22. heures.

Celuy de Mercure fait sa reuolution en 115. iours 22. heures.

l'Epicycle de la lune faict sa reuolutiõ tous les mois.

MARGVERITE.

Que veut dire ceste grande figure où ie vois plusieurs cieux dépeins.

CHARLES.

Elle represente le firmament & tout ce qu'est cōtenu en iceluy.

MARGVERITE.

Les cieux sont ils ainsi disposés comme ie les vois en ceste figure?

CHARLES.

Ils sont ainsi disposés, mais ie les ay proportionné du mieux que iay peu: que si on vouloit obseruer la proportiō de lexcentricité des cieux, il faudroit auoir vne place d'vn arpent de large en comparant la terre mesme à vn petit point. Les tables suyuantes vous demonstreront les excentricités, epesseurs & distances des cieux à la terre, comme aussi laux de chaque planete ainsi qu'il est pour le iourdhuy, auec les diametres de leur Epicycles.

La plus longue distãce du planete au centre de la terre.		
La Lune	32.	*Diametres terrestres.*
Mercure	83.	
Venus	540.	
Le Soleil	588.	
Mars	4116.	
Iupiter	6585.	
Saturne	8780.	
Le firma.	9500.	

La moindre distãce.		
☾	17.	*Diametres terrestres.*
☿	32.	
♀	83.	
☉	540.	
♂	588.	
♃	4116.	
♄	6585.	

Lepesseur du ciel du planete.		
☾	15.	*Diametres terrestres*
☿	51.	
♀	457.	
☉	48.	
♂	3528.	
♃	2469.	
♄	2195.	

Les excentricités des planetes.		
☾	5.	*Diametres terrestres.*
☿	4.	
♀	6.	
☉	21.	
♂	235.	
♃	285.	
♄	437.	

Le diamet. des Epicycles.		
☾	5.	*Diametres terrestres.*
☿	43.	
♀	447.	
☉	0.	
♂	2819.	
♃	2051.	
♄	1664.	

Laux des planetes.	Les degrés	Les signes.
☾		♉
☿	1	♏
♀	2	♋
☉	2	♋
♂	15	♌
♃	23	♍
♄	13	♐

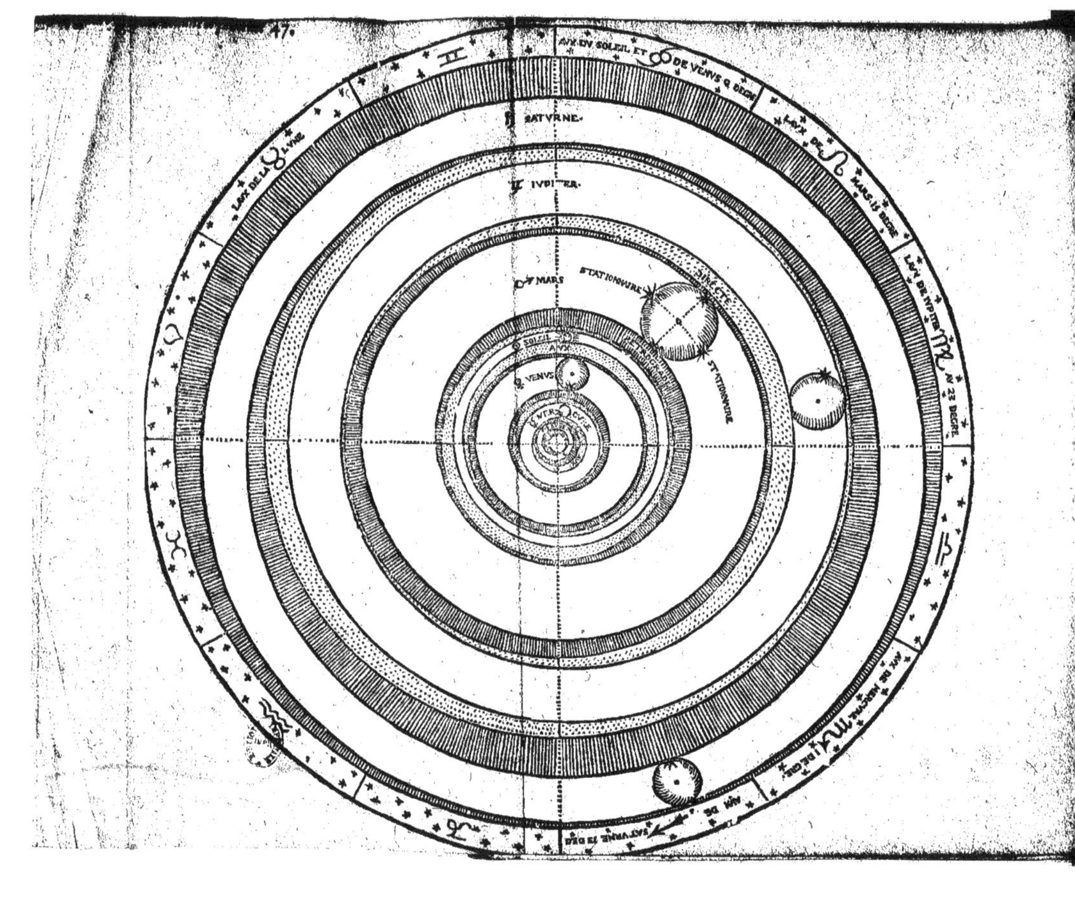
AVX DV SOLEIL ET ♋ DE VENVS 9 DEGRE
L'AVX DE ♌ MARS 15 DEGRE
L'AVX DE IVPITER ♍ AV 23 DEGRE
L'AVX DE LA ♉ LVNE
SATVRNE.
IVPITER.
MARS
STATIONNAIRE
DIRECTE
RETROGRADE
STATIONNAIRE
SOLEIL
AVX
VENVS

On peut arracher l'Epicycle de son aux où ie lay posé, & le remettre l'attachant auec vn peu de cire à l'androit qu'il doit estre, suyuant l'Ephémeris.

MARGVERITE.

Ie ne puis croire que les cieux soient de si grande estendüe que vous dites, & que la terre semble estre vn point seulement, si on la compare à la grandeur du firmament.

CHARLES.

Si la terre auoit quelque proportion à la grandeur du ciel, nous ne verrions pas la moitié diceluy comme nous voyons, car les épesseurs de la terre deçà & de là, nous en osteroient la veüe, comme on voit en la figure suyuante.

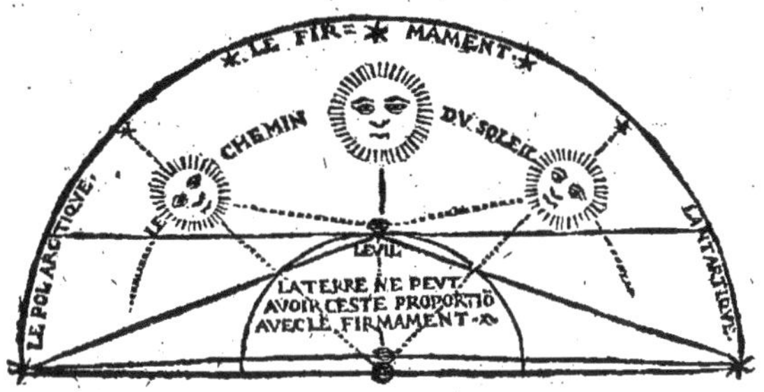

Il faut donc croire que la terre n'a aucune épesseur, & n'est qu'vn point au milieu du firmament puis-que ses épesseurs n'enpeschent que ne voyons tousiours la moitié du ciel entierement.

Item si la terre & le ciel auoient quelque proportiō de l'vn à lautre, les estoilles au point qu'elles se leuent & se couchent se mōstreroient plus petites qu'estans à l'androit de la ligne de midi, mais cela n'auiēt iamais, ains tous empeschemens de l'air ostés, icelles estoilles ſe monſtrent égalles par tout le ciel, comme on voit en la figure ſuyuante.

Alphragan ſouſtient que la plus petite eſtoille qu'on peut remarquer au firmamẽt, eſt plus grande que la terre. Or nous voyons a l'eul que telle eſtoille n'eſt qu'vn point aupris du firmament, par plus forte raiſon la terre qu'eſt encores plus petite n'eſt rien, eſtant comparee à iceluy firmament.

Ptholemee n'a iamais fait eſtat de la terre que pour vn point & centre, lors qu'il a parlé du firmament, du ciel de Saturne & de Iupiter: meſme ce n'eſt rien de la terre à comparaiſon du ciel de Mars: mais elle aura quelque proportion ſi nous la comparons au ciel du Soleil, de Venus, ou de la Lune, & ſe poura apperceuoir.

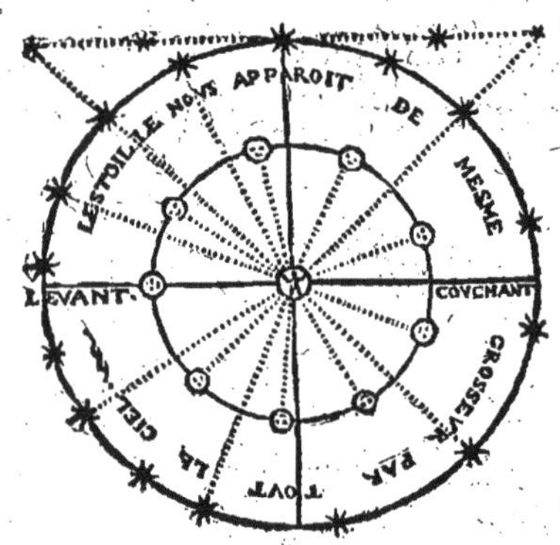

Concluſion on voit à l'eul pendant l'eclipſe de lune, l'ombre de la terre repreſentant le cors d'icelle, n'eſtre guiere plus grand que le rond d'vn chappeau, ni que le globe lunaire lequel ne mõte riẽ eſtãt cõparé au ciel auquel il eſt attaché: Ie ſcais biẽ qu'iceluy ombre terreſtre, tendant en piramide, va touſiours en diminuãt depuis la terre iuſques au ciel de la lune: mais puiſque la diſtance n'eſt grande de l'vn à l'autre, la diminution d'iceluy ombre ne peut eſtre grande, comme on voit en la figure ſuyuante.

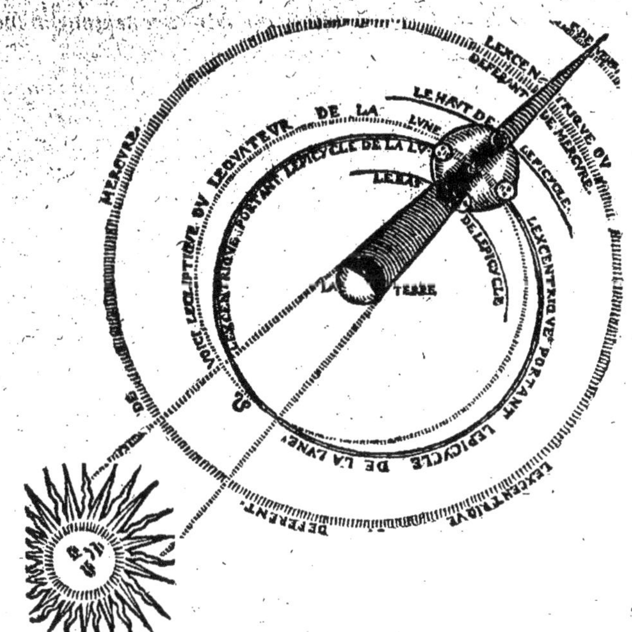

MARGVERITE.

Ie vois que quant la lune est au plus bas de son Epicycle elle est pour lors proche de la terre, & par consequent l'ombre du globe terrestre n'est beaucoup diminué pour le peu de distāce d'icelle terre au corps de la lune : mais quant elle est au dessus & plus hault lieu de son epicycle, dautant quelle est plus éloignee de la terre, l'ombre terrestre diminue : car l'ombre tendant en piramide se pert en fin.

Quelques Eclipses de ☽ peuuẽt durer 3. heures & plus: cela aduiẽt lors que le Soleil est en son aux ou apogee, & la lune en son perigee au plus bas de son epicycle, estant opposee au Soleil diametralment sur les points ecliptiques ☊. ☋: alors l'ombre terrestre se peut estādre iusques au ciel de Venus: que si le Soleil est en son perigee, & la lune en son appogee, l'ombre de la terre sera plus court & ne s'estendra que iusques au ciel de Mercure. Lors que la lune est éloinnee d'vn degré cinq minutes de l'eclipti-

que elle ne peut estre obscurcie aucunement. Venus & Mercure ne peuuent endurer eclipse, ni estre obscurcis de l'ombre de la terre, d'autant qu'ils ne séloingnent iamais du Soleil. Ces deux planetes ne peuuēt beaucoup eclipser le Soleil, cest à dire empescher que ne voyons ses rayons, par ce que leurs corps sont trop éloingnés de nous, & trop petiz: de sorte qu'encores qu'ils facent obstacle, si est ce que leur ombre deffaut aussi tost, & à grand peine s'en peut-on apperceuoir en terre.

CHARLES.

Vous le prenés bien: nous voyons l'ombre de la terre plus grand, & l'eclipse de lune de plus lōgue duree, la lune estant au bas de son epicycle: quant elle est au dessus d'iceluy epicycle l'ombre de la terre entrāt en la blancheur du corps lunaire, se monstre petit & rond, & n'est l'eclipse de longue duree.

La lune a quelque peu de lumiere naturelle: car estant au dessus de son epicycle pendant l'eclipse, quelle est obscurcye de l'ombre de la terre, elle se monstre rouge & de couleur de cuiure: estant en ses stations elle apparoistra en couleur de rouge brun; estant au bas de son epicycle & proche de la terre on la verra noirastre.

La lune n'est pas du tout opaque: d'autant qu'on peut entreuoir la lumiere du Soleil par mis icelle: comme au premier quartier que voyons outre la partye éclairee le reste de son globe entierement, qu'est toutefois obscur & noir.

Il se faict plus souuent eclipse de Lune que de Soleil, dautāt que lobstacle que faict la lune au Soleil est moindre que l'ombre de la terre causant l'eclipse de lune.

MARGVERITE.

Que me sert de scauoir lordre & mouuemens des cieux si ie n'ay la practique pour tirer quelque cognoissance des choses futures?

CHARLES.

Il s'en faut bien qu'aiés l'entiere cognoissance des mouuemens celestes: Ie ne vous ay monstré l'astronomie que superficielment, à fin de vous donner quelque commencement & entree à la theorye & cognoissance du cours des planeses, si ie vous en monstre seulement vne figure ie vous feray peur.

MARGVERITE.

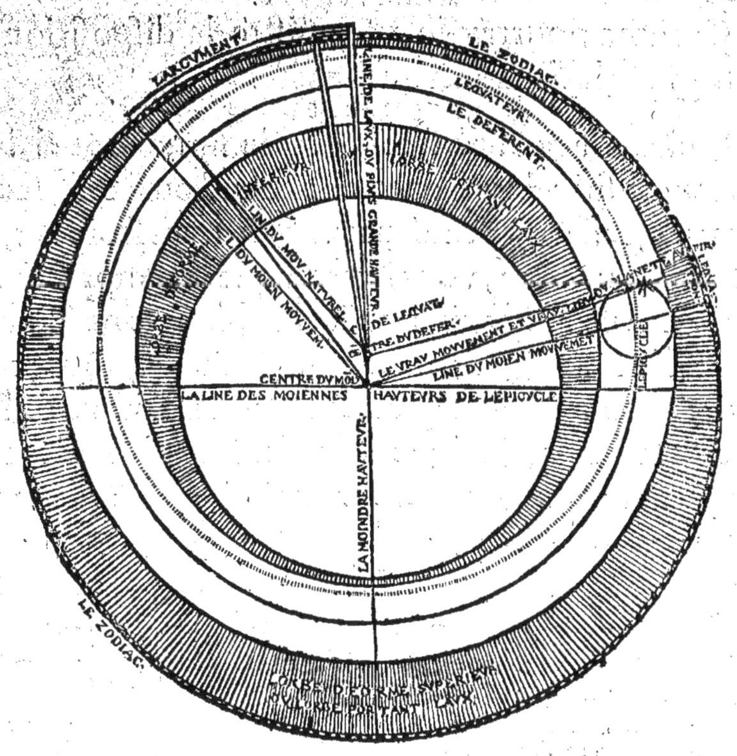

MARGVERITE.

Ie la vois, que ſignifie elle?

CHARLES.

Quant vous entendrez bien ce que ie vous ay deſia monſtré vous comprendrés plus facilment la theorye des planetes : & pouués vous ayder ce pendant des Ephemerides qui vous monſtreront l'androit où eſt le planete & le le chemin qu'il fera chácun iour dici à trente ans, & ſuyuant la ſituatiõ d'iceluy planete vous iugerés ſ'il fera beau ou pluye, chaud ou froid.

MARGVERITE.

Comme pourray-ie cognoiſtre la diſpoſition du temps par la ſituation du planete?

CHARLES.

Sachant la qualité d'iceluy & du ſigne auquel il eſt, à ſcauoir ſi iceluy planete eſt chaud ou froid, ſec ou humide, ceſt à dire cauſant la chaleur ou froidure, ſeichereſſe ou pluye, vous iugerés que le temps ſera tel: mais il faut auſſi auiſer qu'iceluy planete ne ſoit empeſché de quelque autre, ayant la qualité toute contraire, & bien remarquer le temps, les ſaiſons de l'annee, & la nature du ſigne auquel iceluy planete ſe rencontre: les tables ſuyuantes vous informerõt de tout.

♄	*Sec & froid cauſant quelque fois la pluye.*
♃	*Chaud & humide.*
♂	*Bruſlant & ſec.*
☉	*Chaud & ſec.*
☿	*Froid & humide.*
♀	*Sec & chaud cauſant les vens.*
☾	*Froid & humide.*

Le feu.	*La terre.*	*Lair.*	*Leau.*
♈	♉	♊	♋
♌	♍	♎	♏
♐	♑	♒	♓
Ardens.	*Terreſtres*	*Aeriens.*	*Aquat.*
Choleriques.	*Melãcholiques.*	*Sanguĩs.*	*Phlegmatiq.*

l'Eclipſe de Soleil engendre grande ſeichereſſe, meſmement quant il eſt en quelques ſignes cauſans chaleur: comme au Belier, au Liõ, au Sagittaire: & lors la ſeichereſſe eſt encore plus grande s'il ſi rencontre vn planete cauſant la chaleur ou ſeichereſſe: comme Saturne, Mars & Mercure.

	Le commancement.	*Le milieu:*	*La fin.*
Printemps humide & chaud	♈	♉	♊
Eſté chaud & ſec.	♋	♌	♍
Autonne ſec & froit.	♎	♏	♐
Yuer froit & humide.	♑	♒	♓

MARGVERITE.

Iay autrefois ouy dire qu'il y a de bons & mauuais planetes : nous auõs mesme vne vieille voisine laquelle voulant louer quelque enfant, dict qu'il est né soubz quelque bonne platine.

CHARLES.

On a tenu de tous temps que les planetes peuuent beaucoup à nostre naissance nous inclinãs à quelques vertus ou vices : mais pour cela il n'est necessaire que soyons vitieux : dautant que l'homme sage peut surmonter telle inclination mauuaise.

MARGVERITE.

Qui sont les bons & mauuais planetes?

CHARLES.

Les tables suyuantes nous le monstre, comme aussi les maisons & exalations diceux planetes, & auec quelz signes se leue le Soleil en tous les mois de l'anee.

Les planetes	Leurs qualités.	Leurs maisons.	Leurs exaltatiõs	Leur cheute
♄	*Mauuais*	♒ *Principale.* ♑ *Moins principale*	♎	♏
♃	*Bon.*	♐ *Principale.* ♓ *Moins frequẽtee.*	♋	♓
♂	*Mauuais.*	♏ *Principale.* ♈ *Moins principale*	♑	♍
☉	*Bon en partye.*	♌	♈	♎
♀	*Bon.*	♉ *Principale.* ♎ *Moins frequẽtee.*	♓	♋
☿	*Bon auec les bõs.*	♍ *Principale.* ♊ *Moins principale*	♍	♑
☾	*Bon en partye.*	♋	♉	♈

En ces mois il se leuent auec le Soleil.		*En ces mois ils se leuent quant le Soleil se couche.*
Mars.	♈	*Septẽbre.*
Auril	♉	*Octobre.*
May.	♊	*Nouembre*
Iun.	♋	*Decembre.*
Iullet.	♌	*Ianuier.*
Aoust	♍	*Feurier.*
Septẽb	♎	*Mars.*
Octo.	♏	*Auril.*
Nouẽb	♐	*May.*
Decẽb.	♑	*Iun.*
Ianui	♒	*Iullet.*
Feuri.	♓	*Aoust.*

Saturne & Mars ont tousiours quelque influence mauuaise.

Iupiter & Venus sont tousiours bons.

Le Soleil est bon du cousté qu'il regarde vn bon planete, & mauuais du cousté du mauuais.

La lune est bõne aussi, fors du cousté de la terre, elle est quelque fois mauuaise du cousté du ciel, s'il si rencontre vn mauuais planete.

Mercure conioinct auec Iupiter & Venus est bon, & auec Saturne & Mars mauuais : cest à dire son influance est telle.

MARGVERITE.

Qu'entendés vous par les maisons des planetes?

CHARLES.

Les douze signes du zodiac sont les douze maisons des planetes : Or chasque planete, excepté le Soleil & la Lune, a deux signes pour sa maison, mais il a plus de vertu en sa maison principale qu'en l'autre moins principale, cest à dire moins frequentee : & s'esgaye dauãtage estant en son exaltation.

Il y a aussi 12. androis immobiles, lesquels on appelle proprement les maisons des signes & des planetes : dautãt qu'ils passẽt tous les iours par chascune de ces maisons que voyons dépeintes en la figure suyuante.

Ie traicte ceste matiere succinctemẽt, ne voulant ennuyer le lecteur lequel aymera mieux s'occuper aux affaires publiques & particulieres, que de se rompre la teste à l'Astronomie iudiciaire qu'est vne science plus curieuse que necessaire, vtile & delectable.

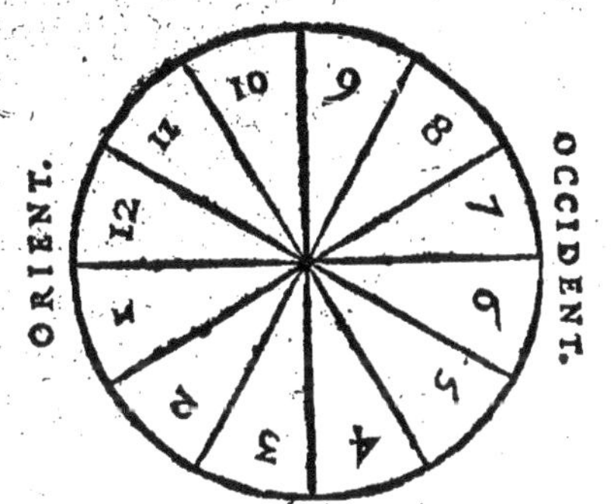

MARGVERITE.

On n'a pas tousiours vn compas pour dresser ces figures celestes.

CHARLES.

Il vous sera plus facile de les dresser en ceste sorte.

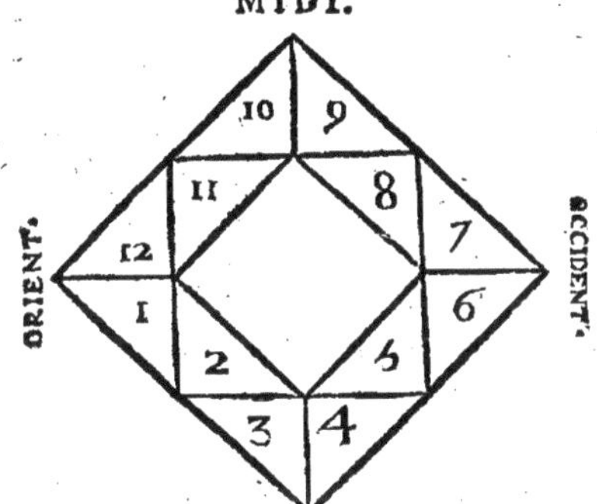

Daucuns disposent ceste figure dautre façon, ne la dressans sur ses pointes : si elle se treuue estrange en céste sorte il faudra la faire tõber sur son cousté : chascun domifie à sa fantasie, disposant quelque fois la premiere maison droit sur la line d'Orient, la quatriesme sur la line de minuict, la septiesme droit sur le couchant, & la dixiesme sur la line de Midi.

Vous y voyés six maisons soubz terre, à sçauoir trois d'Orient à minuict, la premiere, la seconde & la troisieme, & trois de minuict en Occidẽt, la 4. 5. & 6 : puis vous en voyez six dessus, la 7. 8. 9. 10. 11. & douzieime:

lesquelles maisons sont immobiles, ne bougeans iamais du lieu auquel vous les voyés depeintes. La premiere maison est la maison de vye, la seconde de substance & richesses, la 3. des freres, la 4. de patrimoine, la 5. des fils, la 6. de maladie, la 7. de mariage, la 8. de mort, la 9. de foy, religiõ & peregrinatiõ, la 10. d'honneur & de royauté, l'onziesme des amis, la 12. de charité. Les 12. signes & les 7. planetes passent à trauers des 12. maisons cy dessus en 24. heures, à sçauoir en douze heures de iour, & douze heures de nuict. Lors qu'aurez ainsi dressé vostre figure il vous faut auiser le mois, le iour, & l'heure qu'il est, à fin de disposer en icelle figure les signes & planetes, puis remarquerés la maisõ laquelle vous vous estes proposé suyuant la matiere dont est question, à fin de veoir si le planete est bon ou mauuais, s'il est en sa maison propre, en son exaltation, s'il est cõioint ou regardé d'vn planete fauorable d'vn tiers, △ quart □ ou sextil ✶ aspec: cela faict vous pourrez asseoir iugement sur la matiere dont est question.

MARGVERITE.

Comme pourray-ie sçauoir quelle planete regne chascune heure du iour?

CHARLES.

Il faut premierement remarquer le iour auquel vous dresserez vostre figure: s'il est samedi Saturne cõmãce à regner ce iour là, à la premiere heure du Soleil leuãt: à l'heure secõde Iupiter domine, à la 3e: Mars cõmance à regner, se succedãs les planetes d'heure en heure, l'vne à l'autre, suyuãt l'ordre que voyez en ceste table,

TABLE DES SEPT IOVRS PLANETAIRES ET DE LEVRS VINGT QVATRE HEVRES.

LES HEVRES DV IOVR	LES HEVRES DE LA NVIT	SAMEDI		DIMANCHE		LVNDI		MARDI		MECREDI		IEVDI		VĒDREDI	
1	13	♄	☿	☉	♃	☽	♀	♂	♄	☿	☉	♃	☽	♀	♂
2	14	♃	☽	♀	♂	♄	☿	☉	♃	☽	♀	♂	♄	☿	☉
3	16	♂	♄	☿	☉	♃	☽	♀	♂	♄	☿	☉	♃	☽	♀
4	16	☉	♃	☽	♀	♂	♄	☿	☉	♃	☽	♀	♂	♄	☿
5	17	♀	♂	♄	☿	☉	♃	☽	♀	♂	♄	☿	☉	♃	☽
6	18	☿	☉	♃	☽	♀	♂	♄	☿	☉	♃	☽	♀	♂	♄
7	19	☽	♀	♂	♄	☿	☉	♃	☽	♀	♂	♄	☿	☉	♃
8	20	♄	☿	☉	♃	☽	♀	♂	♄	☿	☉	♃	☽	♀	♂
9	21	♃	☽	♀	♂	♄	☿	☉	♃	☽	♀	♂	♄	☿	☉
10	22	♂	♄	☿	☉	♃	☽	♀	♂	♄	☿	☉	♃	☽	♀
11	23	☉	♃	☽	♀	♂	♄	☿	☉	♃	☽	♀	♂	♄	☿
12	24	♀	♂	♄	☿	☉	♃	☽	♀	♂	♄	☿	☉	♃	☽

MARGVERITE.

Les ſept iours planetaires ſ'accordent fort bien auec la premiere heure du Soleil leuant : car nous voyons en la table cy deſſus Saturne regner à la 1. heure du Soleil leuant le iour de Samedy, le Soleil le Dimãche, la Lune domine le Lundi, à la premiere heure du iour, Mars le Mardi, Mercure Mercredi, Iupiter Ieudi, Venꝰ Vendredi, Saturne Samedi : Le Soleil regne le Dimã-che à la premiere heure du iour, en continuant tou-ſiours ſuyuant l'ordre de la table cy deſſus: en laquelle vous voyés 12. planetes regnans l'vn apres l'autre pen-dant les 12, heures de Soleil : & douze planetes domi-nãs ou regnãs la nuict lors que le Soleil eſt ſoubz terre.

MARGVERITE.

Si les iours ſont cours comme en Decembre , que n'auõs que huict heures de iour faudra il partager ces huict heures en douze?

CHARLES.

Ouy : & faut considerer que l'heure des horologes est tousiours de soixante minutes, tant la nuict que le iour, l'heure planetaire n'a en Decembre pendant le iour que 40. minutes, & l'heure de la nuict 4. vingts: vous voyés comme on oste vn tiers de l'heure du iour, à scauoir 20. minutes pour les adiouster aux soixante minutes de l'heure de la nuict, à fin de faire de 8. heures de iour naturel 12. heures planetaires, & de reduire aussi les 16. heures de nuict à douze.

MARGVERITE.

Ce que n'est en l'vn est en lautre: car il faut que l'heure du iour & de la nuict ayt l'vne portant lautre six vingts minutes : nous n'auōs en Decembre que huict heures de Soleil, suyuant les horologes, il faut en faire douze : dautāt que le iour quelque court qui soit doit tousiours estre partagé en douze partyes & la nuict de mesme : qu'on appelle les heures planetaires?

CHARLES.

Vous le prenés bien: & à mesure que les iours croissent ou decroissent il faut augmēter ou diminuer les heures planetaires de leur minutes : de sorte qu'au mois de Iun que les iours ont 16. heures, estans deux fois aussi longs que les nuicts, il faut faire les heures si longues qu'on les reduise à douze : & encores que les nuicts nayent pour lors que 8. heures d'horologe si est ce qu'il les faut faire si courtes qu'ō en face douze, à fin qu'ayons en tout temps douze heures planetaires pendant nostre iour, & autant pendant la nuict. On appelle

appelle aussi ces heu res planetaires heures inegales ou temporelles.

MARGVERITE.

Il ne faut donc adiouster ni diminuer aux heures planetaires lors que le Soleil est aux equinoxes, qu'est au mois de Mars & de Septembre: dautant que les iours sont en ce temps là égaux aux nuicts, ayans chascun douze heures d'orologe.

CHARLES.

Quant le iour a douze heures cest assés, que s'il ne les a, il faut faire les heures si courtes qu'on y trouue douze heures de Soleil, qu'on appelle heures planetaires.

MARGVERITE.

I'entens que c'est des heures planetaires, ie desire maintenant scauoir les effectz des planetes, comme aussi des signes & figures celestes.

CHARLES.

♄ Saturne cause la grande froidure & quelque humidité. Il faict bon pendant qu'il regne d'acheter & cultiuer des terres: la seignee est dangereuse, comme aussi les maladies qui commencent pour lors. L'hõme né soubz ce planete sera basanné, maigre, ayãt les yeux petis & enfonsés, les leures épesses, la barbe rare & seiche, pesant à son marché & se courbãt: il aura lesprit subtil & profond, sera melancholique, vindicatif, & duquel on ne pourra découurir la pensee.

♃ Iupiter est vn planete temperé, participant de Saturne, qui cause la grãde froidure, & de Mars qui cause la chaleur extreme, humectant les corps terrestres les rendant propres à generatiõ & a bondance. Pendant son regne il fait bon seigner: les maladies commançans pour lors ne seront dangereuses: il fait bon auoir affaire aux grans, negotier, nauiger, semer & planter.

l'Homme né pendant l'heure qui domine sera blon, chauue ayant vne rougeur au visage, les yeux grãs & noirs, le nez court, la barbe crespe, sera de belle stature, d'esprit & bon personnage.

♂ Mars est vn planete bruslant & sec rendant les hõmes bilieux & choleriques. Il fait bon pendãt son regne d'acheter des armes & de combatre son ennemy: Les seignees & medecines sont dãgereuses, & nest bõ d'entreprendre vn voyage.

l'Homme né pendant son regne est roux, ayant la face ronde & rouge, les yeux petitz & iaunes, le regart farouche, séioüissãt du mal, sera audacieux, incõstant, goulu, cruel, & meurt peu souuant de sa mort naturelle.

☉ Le Soleil est chaud & sec dõnant vye à toutes choses terrestres. Il fait bon pendant qu'il domine d'auoir affaire à gens blons, & d'aller à la chasse: il est dangereux de deuenir malade, se medeciner ou seigner.

l'Homme né pendant l'heure qu'il regne sera blon, ayant la face belle & coloree, estant de petite stature: il aura le iugement profond, sera iuste & pitoyable, vn grand parleur, recherchant les Seigneurs, cholere & bien fortuné.

♀ Venus eſt de nature moite & froide. Il fait bon pendant ſon heure ſe medeciner & ſeigner, d'auoir affaire aux grans, & de voyager: il eſt dangereux de ſe mettre ſur leau.

Celuy qui eſt né ſoubz ce planete eſt beau de corps, velu, ayant la face rõde, plaine & pale, vn bel eul, il ſe plaiſt à la muſique, eſtãt effeminé & curieux d'habitz.

☿ Mercure eſt ſec & chaud cauſant de grans vens. Il fait bon pendant ſon heure deſcrire, calculer, planter, ſemer, & de ſappliquer à quelque ſcience.

l'Homme né ſoubz iceluy eſt de mediocre ſtature & alegre, ayant le front haut, petiz yeux & petites leures, le nez grand, longs dois, aymant les ſciences & auſquelles il eſt fort propre, eſtant éloquent & ſage: il eſt auſſi vertueux quant Mercure eſt conioint auec vn bon planete.

☾ La Lune eſt froide & humide: pendant l'heure qu'elle regne il fait bon d'acheter beſtial, il eſt d'angereux de medeciner la teſte. Celuy qui eſt né lors quelle domine ſera de belle ſtature, ayãt la face rõde, belle & vermeille, les ſourcis proches l'vn de l'autre, ſera doux & patient, honneſte homme, propre pour faire ſeruice, ſera toutefois maladif, & meurt peu ſouuent de vieleſſe.

Tant plus la Lune eſt eſclairee du couſté de la terre, dautant elle eſt moins humide & pourriſſante: ce que ſe peut veoir pendant la contagion que la lune ſe monſtre plus cruelle au default d'icelle qu'en autre ſaiſon du mois.

MARGVERITE.

Que ſignifie la figure ſuyuãte ou ie vois les 7. planetes & les 12. ſignes du zodiac enuirõnans le cors humain?

LE TEMPS PROPRE POVR SEIGNER.

Aries gouuerne le chef de l'homme: Il faict bon seigner quant la lune y est, fors en la partye quelle domine.

Taurus gouuerne le col: il n'est bon pour seigner.

Gemini gouuerne les épaules, les bras & les mains: il n'est bõ pour seigner: il signifie liberalité & modestie.

Cancer: la poiterine, lestomac & le polmon: il est indiferent, ni trop bon, ni trop mauuais pour seigner.

Leo: le dos & les costes: il n'est bon pour seigner. Il signifie abondance de biens auec couroux.

Virgo gouuerne le ventre & les antrailles: il est indiferent pour seignér, & signifie toutes perfections à la naissance de l'homme.

Libra: le nombril, les reins & le fond du ventre: il est bon pour seigner, & signifie iustice.

Scorpius. les genitoires: il est indiferẽt pour seigner, & signifie fauseté.

Sagitarius gouuerne les cuisses: il est bõ pour seigner, & signifie que l'homme sera industrieux & sage.

Capricorne: les 2. genoux: il n'est bon pour seigner, & signifie vn homme de bonne vye, sage, cholere & melancholique.

Aquarius gouuerne les iambes, il est indiferent pour seigner.

Pisces gouuerne les pieds: il est indiferent pour seigner.

♄ *Gouuerne le poulmon.*
♃ *Le foye.*
♂ *Le foye.*
☉ *Lestomac.*
♀ *Le roignon.*
☿ *Le roignon.*
☾ *Le chef.*

Le printemps augmẽte le sang au corps des personnes.
Lesté augmẽte l'humeur melancholique qu'on appelle atra bilis.
l'Autonne cause les flegmes.
l'Iuer cause plusieurs distilations au corps humain.

Les iours critiques dépendẽt de la lune: car le 7.e de la maladye, le 14.e & le 21.e vont de sept en sept, comme les quartiers de la lune. Les humeurs des corps suyuent mesme le mouuemẽt d'icelle: car si la lune est pleine, les corps sont pleins de cerueau & de moille, si elle va en declinant les humeurs des corps declinent aussi.

Table plus ample de ce que dessus.

	♄	♃	♂	☉	♀	☿	☾
♈	*La poiterine.*	*Le ventre.*	*La teste.*	*Les cuisses.*	*Les pieds.*	*Les iambes.*	*Les genoux.*
♉	*Le ventre.*	*Le dos.*	*Le col.*	*Les genoux.*	*La teste*	*Les pieds.*	*Les iambes.*
♊	*Le ventre.*	*Les genitoires.*	*La poiterine.*	*Les iãbes & talons.*	*Le col.*	*La teste.*	*Les cuisses.*
♋	*Les genitoires.*	*Les cuisses.*	*La poictrine.*	*Les pieds.*	*Les bras & épaules.*	*Les yeux.*	*La teste.*
♌	*Les genitoires.*	*Les cuisses & genoux.*	*Le dos & le ventre.*	*La teste.*	*Le ceur.*	*Le gosier.*	*Le col*
♍	*Les pieds.*	*Les genoux.*	*Le ventre.*	*Le col*	*Le ventre.*	*Le cœur.*	*Les épaules*
♎	*Les genoux.*	*Les yeux.*	*Les genitoires.*	*les épaules.*	*la teste.*	*le ventre.*	*le ceur.*
♏	*Les talons.*	*les pieds.*	*la teste & les bras.*	*le queur.*	*les genitoires.*	*le dos.*	*le ventre.*
♐	*Les pieds.*	*les iambes.*	*les mains.*	*le ventre.*	*les cuisses.*	*les genitoires.*	*le dos.*
♑	*La teste & les yeux.*	*les iambes.*	*le dos.*	*le ceur.*	*les genitoires.*	*les cuisses.*	*les cuisses.*
♒	*Le col.*	*la poitrine.*	*le ceur.*	*les genitoires*	*les genoux.*	*les cuisses.*	*les genitoires.*
♓	*Les épaules.*	*Le ceur*	*le ventre.*	*les cuisses.*	*le dos.*	*les iambes.*	*les cuisses.*

CHARLES.

Cest pour monstrer qu'elle partye du corps humain gouuerne chascun signe: & pour sçauoir quant il faict bon seigner.

MARGVERITE.

Il faict bon seigner quant il est tresnecessaire, & le moins qu'on peut : mais dictes moy, les estoilles & figures du firmament n'ont elles point quelques vertus comme les douze figures du zodiac?

CHARLES.

Tout de mesme: & dient les Astronomes que l'estoille que voyõs à l'androit du signe du Belier laquelle on nomme le nombril d'Andromede, faict que ceux qu'ils sont nez soubz sa constellation sont en danger de prison, & d'y mourir: mais si quelque bon planete y a son aspect, qu'ils en échapperont.

Vous voyés aussi sur le signe du Toreau vne grosse estoille qu'on nomme le cousté droict de Perseus: on tient que quant Mars est conioinct auec ceste estoille, ceux qui sont nez soubz telle constellation sont en danger d'estre tuez honteusement.

Soubz le Toreau & Gemini est la figure d'Orion, en laquelle figure les Astronomes remarquẽt trois estoilles qu'ils nomment l'épaule droicte, l'épaule gauche & le pied gauche d'Orion. Ceux qui sont nez soubz sa constellation sont grands capitaines: mais en danger d'estre tués en trahison s'il ne se rencontre quelque bõ planete à l'heure de telle natiuité.

On voit aussi en la figure du Lion vne estoille nommee le Roitelet ou coeur de Lion: ceux qui sont nez soubz sa constellation sont éleués en seigneuries & estats, puis sont deposés en danger de leur vie si quelque bon planete ne les en garde.

La vierge a soubz sa main gauche vne grãde estoille nommee l'espi de la vierge, dont les Astronomes font grand cas: ceux qui sont nés soubz cest astre sont beaux & honnestes, faisans choses aggreables à tous, querans richesses deüment, sont voulontiers veüs es dames & des grans.

Entre la Balance & le Scorpion se voit vne estoille n la coronne septentrionale, laquelle estant en son scendant, signifie es natiuités honneur & prosperité: rincipalment quant elle est bien regardee du Soleil.

Le Scorpion a en sa constellation vne estoille qu'on ôme le coeur du Scorpion: quant elle est bien regar-lee de Iupiter ou de Venus elle signifie honneur & ri-hesses: Si Saturne ou Mars y a son aspect elle signifie auureté.

Soubz aquarius se voit vne estoille nommee le Pois-son austral: ceux qui sont nez soubz sa constellation sont heureux sur leau.

On voit sus les Poissons deux estoilles nommees l'é-paule & la iambe de Pegaze cheual d'honneur: ceux qui sont nez soubz sa constellation sont aymés & ho-norés des Capitaines & Seigneurs.

Il seroit trop long de discourir ce que les Astrono-mes escriuent touchant ceste matiere, & me suffit de vous auoir monstré superficielment la forme qu'on tient pour dresser vne figure celeste, sauf à vous de veoir ceste matiere plus amplement si elle vous est aggreable.

Pour cognoiſtre la ſituation des eſtoilles plus notables.

Les ſignes.	Longitude. Les degrés.	Latitude. Les degrés.	Groſſeur de l'eſtoille.
Le dos de la grande Ourſe.	7. ♌	49.	2.
Le nombril d'Andromede.	24. ♈	26.	3.
Le couſté droict de Perſeus.	25. ♉	30.	2.
Leul du Toreau.	2. ♊	5. *vers Midi.*	1.
L'épaule droicte } d'Orion.	22. ♊	17. *M.*	1.
L'épaule gauche } d'Orion.	10. ♊	17. *M.*	2.
Le pied gauche. } d'Orion.	10. ♊	31. *M.*	1.
La Canicule.	19. ♋	16. *M*	1.
La grande Chienne.	7. ♋	39. *M.*	1.
Le ceur du Lion.	22. ♌	0.	1.
La queüe du Lion.	14. ♍	11.	1.
L'eſpi de la vierge.	16. ♎	2. *M.*	1.
La coronne Septẽtrionale.	4. ♏	44.	2.
Le cœur du Scorpion.	2. ♐	4. *M.*	2.
L'aigle volant.	24. ♑	29.	2.
Le poiſſon Meridional.	20. ♒	23. *M.*	1.
L'épaule. } De Pegaſus.	16. ♓	19.	2.
La iambe. } De Pegaſus.	22. ♓	31.	2.

MARGVERITE.

Ie ni prens plaiſir en ſorte du monde, & doute meſme ſi telle ſcience eſt veritable.

CHARLES.

Il n'en faut point douter, cela eſt tout clair : prenez meſme garde à vn almanach ſ'il n'eſt pas tres veritable, mais puiſ-que ceſte matiere vous ennuye nous remettrons ceſte eſtude à vne autre fois que ſerons plus à loiſir, & nous contenterons auſſi pour le preſent de ce qu'auons dict du glole celeſte.

LIVRE TROISIEME TOVCHANT LES REGIONS ELEmentaires, & generations qui se font en icelles, auec vn petit traicté du globe terrestre.

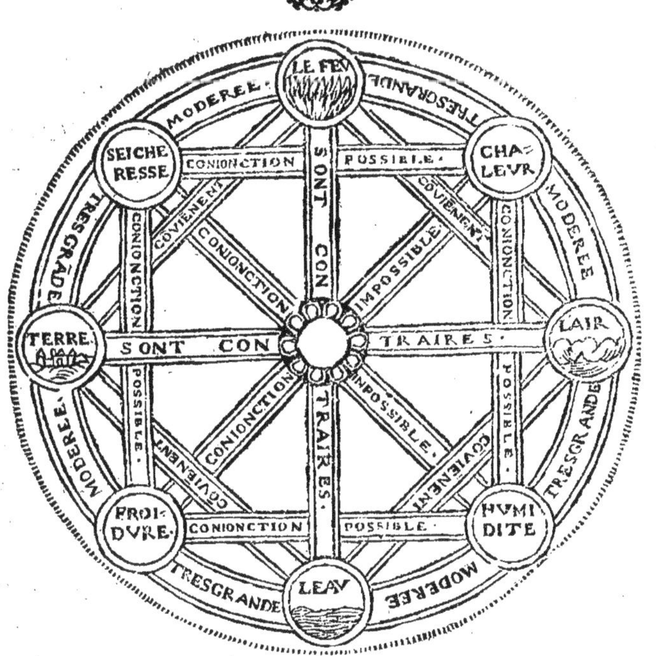

CHARLES.

Nous auons cy deuant parlé du globe celeste, & des mouuemens diceluy, ne reste plus que de vous dire vn mot des regions de l'air, & premier que d'en discourir nous parlerõs de la nature & qualité des quatre elemens, en quoy ils conuiennent ou repugnent l'vn à lautre, la figure precedente nous y poura beaucoup seruir: en laquelle nous voyons le feu & leau disposés en droict diametre, & de nature contraire, comme aussi la terre à lair.

MARGVERITE.

Ie métonne comme les corps terrestres, qu'on dict estre composés de ces quatre élemens cõtraires, peuuent durer comme ils font!

CHARLES.

Ces élemens sont meslés l'vn parmi l'autre, confus par toutes les partyes du corps, & quant l'vn diceux domine il altere les autres, les transmuant en sa nature: de façon que si nous veillons ou ieúnons trop, & que soyons addonnés au trauail, aussi tost la seicheresse & chaleur assaut & dissipe l'humidité: Si nous sommes aussi trop excessifz à dormir, boire ou manger, l'humidité surmonte la seicheresse, suffoquãt la chaleur naturelle, que nous cause les maladies, & quelque fois la mort: Les autres corps insẽsibles sont destruis de mesme lors qu'ẽ iceux l'vne de ces qualités surmõte lautre.

Les Phisiciens dient que les elemens qui agissent le plus en vn corps, comme le feu & leau sont ceux qui resistent le moins, & par ainsi s'entretient le corps.

Quãt l'vn d'iceux domine il transforme les autres en sa nature, & s'alterẽt incessãment. Si les elemens ont quelque conuenance, plus facilement ils se cõmuent d'vn en autre: comme le feu en air, lair en eau, leau en terre, la terre en feu. Le feu ne peut se cõmuer en eau, ni la terre en air sans prendre les qualités des elemens interposés.

Leau & la terre sont les principaux élemens, par ce qu'il faut vne bonne quantité de terre & d'eau pour faire vn corps solide, il faut moins de feu & d'air.

MARGVERITE.

Ie vois en la figure precedente ces quatre élemens opposés l'vn à l'autre, tenãs leur rang à part, & vous me dictes qu'ils sont meslés & cõposés les vns des autres!

CHARLES.

Ces elemens sont ainsi diuisés par imagination seulement,pour mostrer quelles sont leurs qualités, mais à la verité on ne peut veoir ou toucher aucun elemēt qui n'ayt vn corps composé des quatre.

Les Phisiciens imaginent de mesme leur matiere premiere, laquelle ilz dient n'estre presque rien: nayant aucune forme ni qualité.

MARGVERITE.

Ie sés le feu qu'est palpable, ie peux aussi veoir & toucher la glace, est il possible que le feu ardent soit humide ou froid comme leau, & que la glace tienne du feu?

CHARLES.

Vous faictes de nostre feu vn foudre, & de leau vn glasson, si est ce que les Phisiciens tiennent qu'il ni a corps qui ne soit composé des quatre élemens: iceux élemens mesmes quelques simples qu'ils soient, sont tousiours alterés, tenans les vns des autres: il ne faut donc oster du tout l'humidité du feu ardent, ni la chaleur de leau gelee, mais disons qu'il en y a si peu qu'on ne les peut apperceuoir.

MARGVERITE.

Cest assés parlé de ceste matiere: reuenons à nostre globe du monde, & voyons les situations du feu, de l'air, de leau, & de la terre.

CHARLES.

La figure suyuāte nous monstre comme la terre est enuironnee des trois regions de lair: la premiere regiō est voisine du ciel de la lune, estant rauye auec iceluy ciel d'Orient en Occident en 24. heures, suyuant le mouuement du firmament, lequel mouuement échauffe merueilleusement ceste region supreme.

La troisieme region de lair qu'est proche la terre est

chaude aussi, tant à cause de la reuerberation des rayons du Soleil, que pour la chaleur quelle reçoit des vapeurs prouenans de leau, & de la terre.

La seconde & moyenne regiõ de lair est infiniment froide : tant à cause que la reflection des rayons Solaires ne peut peruenir ni s'estendre depuis la terre iusques à icelle region, que pour n'auoir le mouuement de 24. heures, comme la region supreme, lequel mouuement l'echauffe beaucoup, comme dict est.

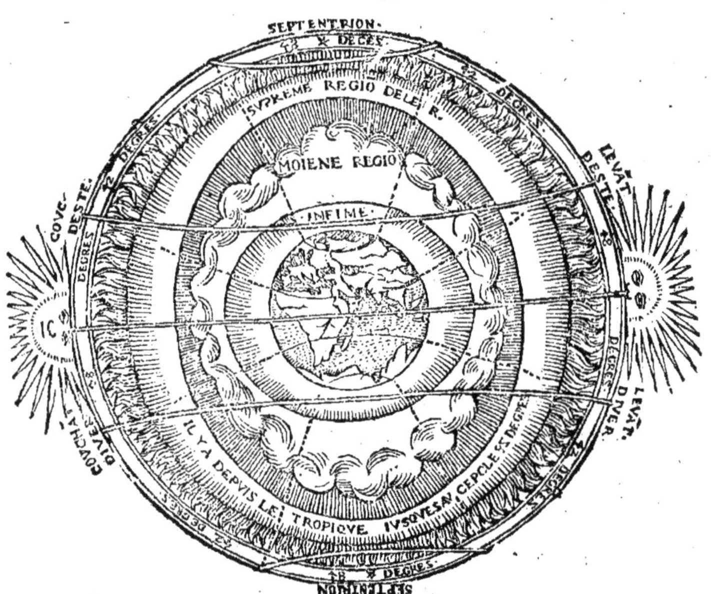

MARGVERITE.

Ie vois en la figure cy dessus la region du feu laquelle est encores par dessus lair, & toutefois vous n'en parlés point.

CHARLES.

Ie l'oblioye veritablement, & pour vn besoin on s'en

passeroit bien : dautant que le Soleil & les astres agissent contre les flans de la terre, l'échauffans assés pour conseruer les corps terrestres, sans establir vne region du feu par dessus lair : & crois que ceste region du feu n'est autre chose qu'vn air pur & net, leger & subtil, beaucoup plus chaud & moins humide que celuy qu'est ioignant la terre & leau, lequel air ainsi purifié estant fort eschauffé par le mouuement de 24. heures, approche fort de la nature du feu.

Quelques vns maintiennent qu'il est necessaire destablir vne region du feu, à fin d'allumer ces impressions de feu que voyons en la premiere region de lair, mais ceste opinion n'est aucunement receüe.

MARGVERITE.

Pourquoy a on dépeint en la figure cy dessus les trois regions de lair en ouales?

CHARLES.

Lair est tout d'vne piece, & n'a à la verité qu'vne region : mais dautant que les androis diceluy sont plus chauds proche le ciel & la terre qu'au milieu, cest pourquoy on a separé ceste region du milieu de ces ouales, monstrans les androis ausquels lair commence à deuenir froid.

MARGVERITE.

Ie vois en la figure cy dessus la moyenne region de lair plus épesse du cousté des pols du monde qu'a landroict de l'equinoctial : doù vient cela?

CHARLES.

Cela prouient à cause que la premiere region de lair est plus échauffee à l'andrict de la zone torride, qu'aux androis qui en sont éloingnés, tant pour la proximité du Soleil, qu'a cause que le mouuement y est plus vehement: dautant que le firmament qui rauit auec soy ladite regiõ supreme, tourne plus viste à lendroict de l'equinoctial que du cousté des pols du monde qui sont immoliles.

La basse region de lair anticipe aussi sur la froidure de ceste secõde region, diminuant lépesseur d'icelle au droit de la zone torride à cause de la reuerberation des rayõs du Soleil qui échauffent plus lair en cest androit là que du cousté des pols du monde: Or estant la froidure de la seconde region de lair mangee deçà & delà par les regiõs voisines, à l'androit d'icelle zone torride, elle ne peut auoir sa rondeur, & faut quelle tende en oualle. MARGVERITE.

Ie vois en la mesme figure les nuees plus épesses du cousté desdis pols, que vers la zone torride.

CHARLES.

Il se faict aussi plus de pluyes es pays frois qu'es regions chaudes, où la grãde chaleur du Soleil dissipe les vapeurs qui mõtent en lair premier qu'elles soiẽt peruenues à la seconde regiõ pour estre cõuerties en eau.

On ne peut pas borner ces regions de lair: dautant quelles croissent quelque fois, puis elles diminuẽt despesseur, deuenans chaudes où naguieres elles estoint froides & tout au contraire.

Cardan au liure de la lumiere dict que les vapeurs de la terre peuuent mõter en lair iusques a 386. lieüs françoises: selon Pline elles ne peuuent estre éleuees de terre que de la hauteur de deux lieues & demye.

MARGVERITE.

Comme se fait la pluye?

CHARLES.

La pluye se faict d'vne vapeur grossiere, chaude &

humide, laquelle est éleuee de la terre en haut par la vertu du Soleil & des astres iusqes à la seconde region de lair, laquelle regiõ est tres-froide, & cy tost qu'icelle vapeur, ou nuee y est peruenüe elle est conuertye en eau par la froidure dicelle region.

La vapeur est cõme la fumee d'vne eau boullante, & lexalation comme celle d'vn feu. Ces fumees prouiennent principalment de la mer, des riuieres & lieux marescageux & aquatiques, nestant la vapeur qu'vne eau volante.

Daucuns dient que les vapeurs ou exalations prouiennent aussi du ventre de la terre, y estans icelles vapeurs engendrees par la chaleur qui se rencontre en cest androict, à cause que lair estouffé s'espesit & s'eschauffe.

Il y a de trois sortes de pluyes: l'vne fort grosse, & se faict en la basse region de lair, lautre plus menüe qui se faict en la moyenne regiõ: & lautre qu'est la troisieme sorte de pluye se faict aussi en la moyenne regiõ de lair, mais bien haut: Et faut noter que tant plus la pluye tombe de haut, tant plus elle est menue & froide.

S'il pleut quelquefois des grenouilles cela aduiẽt quant la vapeur est grossiere, terrestre, aduste & salee, laquelle vapeur porte auec soy ce qu'est necessaire a la generation de tels animaux. A ce propos le Sieur du Bartas en sa premiere sepmaine dict

& les terres beantes
Se couurent quelquefois de grenouilles puantes:
Ou dautant que l'humeur qui voltige la haut
Comprẽd le sec, l'humide, & le froid & le chaud,
Dont ça bas tout s'anime: ou dautant que l'haleine
Des Eures, baloyant la poudroyante pleine,
Amoncelle dans lair quelque poussier fecond,
Dont ces lourds animaux pesle-mesle se font:
Ainsi que sur le bord d'vne ondeuse campagne,
Qui se fait de lesgout d'vne proche montagne,
Le limon escumeux se transforme souuent
En vn vert grenouillon, qui formé du deuant,
Non du derriere encor, dans la bourbe se ioüe
Moitié vif, moitié mort, moitié chair, moitié boüe.

La vapeur se conuertit quelquefois en pierre, estãt recuite en lair & cõme roustie. Quant icelle vapeur est tiree des lieux & terrois rouges elle retient quelquefois ceste teinture: & estant conuertye en eau, il tombe comme des gouttes de sang. Si le terroir duquel s'esleue icelle vapeur est de couleur blanche, la pluye retient quelque fois ceste blācheur, principalmēt quāt la vapeur est biē recuite en lair, & sēble auoir du laict. On voit aussi tomber dans la gresle de petiz poils, qu'ils sont esleués auec la vapeur.

Que si la nuee conuertye en eau, & tōbant par gouttes est congelee par quelque grāde froidure qui suruient en ceste seconde region de lair, nous auons la gresle: & plus tost la pluye est cōgelee, tant plus icelle gresle est grosse & lourde.

La gresle nauient point en yuer, dautant qu'alors la moyenne region de lair n'est si froide qu'en esté, ne congelant les gouttes tombantes de la nuee.

La neige aduient quant la nuee peruenüe à la secōde region de lair est premier congelee que d'estre conuertye en eau.

Le Sieur du Bartas traicte bien amplement ceste matiere au lieu prealegué duquel i'ay extrait les carmes suyuans.

Quelque fois il aduient que la force du froid
Gele toute la nue: & c'est alors qu'on voit
Tomber à grands flocons vne celeste laine,
Le bois deuient sans feuille, & sans herbe la plaine.

De la gresle.

Dautres fois il suruient qu'aussi tost que la nue
Par vn secret effort en gouttes deau se mue,
Que de lair du milieu lexcessiue froideur
Les durcit en boulets, qui tombans de roideur
Quelque fois, ô pitié! sans faucille moissonnent,
Vendangent sans couteau, les fruictiers esbourgeonnent.

La rosee se forme quant la vapeur est petite & subtile, n'ayant la chaleur bastante pour la pousser fort hault, lors la frescheur de la nuict la resout en eau.

Que si ceste vapeur substile est plustost cōgelee que resoute en eau, nous auons de la gelee blanche qu'on

nomme

nomme bruines & frimatz. La rosee se faict pendãt le vent du midi, & la gelee lors que la bise vente.

Les brouillars auiennent proche la terre quãt la vapeur n'est assés humide pour estre conuertye en eau, ni assés chaude pour estre esleuee plus haut: & lors que le brouillart tombe cest signe de beautemps.

MARGVERITE.

Doù nous prouient le vent?

CHARLES.

Le Sieur du Bartas est admirable en ce qu'il descrit mieux ceste matiere en carmes, qu'õ ne pourroit presque faire en oraison solüe: parlant des vents, en sa premiere sepmaine, il dict qu'ilz prouiennẽt d'vne fumee ou vapeur subtile & chaude, laquelle à cause de sa chaleur, qu'est de la nature du feu, veut tousiours mõter, mais icelle vapeur approchant de sa teste fumeuse la moyenne region de lair & sentent le froid, deuient lourde & pesante, perdant la chaleur qui l'esleue en hault, de sorte qu'icelle vapeur retõbe en bas de mesme que les brouillards: & ce pendant le Soleil & les astres luy rendent sa chaleur, luy donnans force & vigeur, l'attirãs de rechef en haut: le froid l'empesche refroidissant tousiours ceste vapeur, & la cõuertiroit en eau si elle estoit assés épesse & massiue: Or ceste vapeur estant ainsi esleuee & déprimee par plusieurs fois se dilate ce pendant, s'esquartant d'vne part & d'autre, & enuironnãt la terre trouble lair, l'agitãt ça & là: lequel air estãt esmeu nous cause les vents: & selon la partye de la terre où se faict telle agitation, on luy dõne le nõ:

comme le vent de Midi, de Septentrion, d'Orient & d'Occident.

Dautres dient que le vent aduient quant leau ou la vapeur se subtilize se cõuertissant trop soudain en air, lequel air à cause de sa subite augmentation est contraint se dilater d'vne part & d'autre, dõt aduient vn grand trouble qui nous cause le vent.

On peut de mesme faire vn vent artificiel si on enferme de leau en vne boule dérain, comme i'en ay autrefois veu, representant la face d'vn homme, ayant les ioues ẽflees: si vous exposez au feu telle boule derain vous verrez lair s'augmẽter en icelle de sorte quelle se romproit n'estoit vn petit soupiral qu'on faict en ladicte boule, par lequel sort iceluy air à mesure qui se multiplye, causant vn vẽt qui soufle le feu: que si on vouloit approcher trop pres du feu icelle boule elle creueroit infaliblement: dautãt que le souspiral ne seroit bastant pour donner issue à la grande multitude d'air, que causeroit le feu ardent tout à vn coup: & faut noter que leau conuertye en air monte dix fois plus quelle ne faict, tenant aussi place à l'equipolant.

Aristote dit que lors que lexalation est moins visqueuse, ne se pouuant bonnement enflamber, elle se conuertit en vent: daucuns dient que les vents prouiennent aussi quelquefois des cauernes & concauités de la terre. Virgile mesme dit que Eolus roy des vens les contient enfermés es montaignes.

Le Sieur Camille Agrippa Milannois, architecte demeurant à Rome, a faict vn discours des vens & tonnaires, & apporte plusieurs raisons pour preuuer que le vent n'est autre chose qu'vn flus & reflus du feu & de lair, passant tantost d'vn cousté tantost d'vn autre pour réparer le défaut qui peut estre en leurs regiõs: il dict aussi que ce flux & reflus de lair & du feu cause le tonnerre, & donne de grandes raisons de son dire.

MARGVERITE.

Le vent donc est engendré d'vne exalation seiche & chaude, cõme la pluye d'vne vapeur humide: mais que deuient en fin le vent?

CHARLES.

Le Soleil engendre les exalations dont les vens sont composés, & les dissipe bien souuẽt par sa chaleur, les commuant en air: ou bien les vens se terminent en pluye estans meslés auec les vapeurs & fortes nuees, car petite pluye ne peut abattre vn grãd vent: mais au cõtraire telle pluye est quelque fois cõuertye en vent. Ils retiennent les qualités des lieus par où ils passent: car si le vent vient du cousté du leuant il est chaud & sec, dangereux pour les choleriques: S'il vient du cousté du couchant il est froid & humide contraire aux phlegmatiques: Sil est Meridional il sera chaud & humide, moins dangereux que le couchant: S'il vient du cousté de Septentriõ il sera froid & sec, dangereux aux melancholiques. Et faut noter que le vent impetueux de quelque cousté qu'il vienne peut beaucoup nuire en yuer aux pulmoniques & valetudinaires, & sur tous le vent du couchant rendant lair fort humide & froit: Il est vray qu'ẽ temps d'esté il se nõme le doux zephire, cest à dire portant vye, à cause qu'il viuifie & renouuelle au printemps toute la terre & renfreschit la campaigne lors qu'il faict bien chaud.

Les hautes mõtaignes corrompent quelque fois le droict cours des vents, les destournans dautre cousté, de sorte que le vent Oriental semble quelque fois estre le Boreal ou Meridional, & ainsi des autres.

MARGVERITE.

Iay assés ouy parler de ce zephire estãt à tous coups vsurpé des Poëtes François: mais dictes moy les noms des autres vents.

CHARLES.

Voici vne figure en laquelle vous verrés leur noms en grec, latin & françois.

Le tourbillon de vent à acoustumé prendre force & vigeur de deux ou plusieurs vents contraires, & souflans de trauers.

LES NOMS DES VENS,

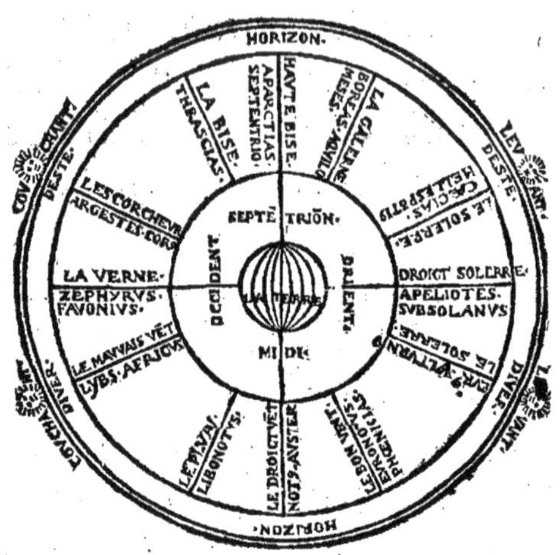

MARGVERITE.

Ie les vois: mais n'ont ils point dautres noms françois?

CHARLES

Chascũ leur impose des noms à sa fantaisye: & tout ainsi que les vens sont variables, ainsi leur noms varyent par tout pays.

MARGVERITE.

Ie crois que le tonnerre est vne espece de vent auec vne inflãmation: nous disons mesmes, quant quelque vn est frappé diceluy, qu'il est frappé du mauuais vẽt: commant s'engendre-il en l'air?

CHARLES.

Le tonnerre se faict quant la vapeur, qu'est chaude & humide, comme aussi lexalation qui est chaude & seiche, montent l'vne auec l'autre iusques en la seconde region de lair, où estans, lors la vapeur se reserre & se conuertit en nuees, enuelopant l'exalatiõ de tous coustés, laquelle ainsi enfermee dãs icelle nuee qu'est tresfroide, à cause qu'elle est sur le point de se resoudre en pluye, icelle exalation ſe renforce par l'antiperiſtaſe: ceſt à dire à cauſe du grãd froid qui luy faict la guerre (de meſme que voyons en yuer la chaleur des fumiers eſtans enuironnez de la gelee, ſe fortifier en telle ſorte qu'on y pourroit cuire vn euf) Or ceſte exalatiõ ainſi eſchauffee augmente ſi fort ſa chaleur, qu'en fin ſ'en enſuit vne inflammation. Quelques vns dient qu'auec les cauſes cy deſſus le mouuement dicelle exalation, battãt rudement les couſtés de la nuee, cauſe auſſi linflãmatiõ: ceſt pourquoy ils maintiennent qu'icelle exalation qui ne deſire quà touſiours monter, eſtant enuironnee de la nuee de toutes pars, voltige çà & là, hurtãt furieuſement icelle nuee de tous couſtés pour veoir ſi elle trouuera iſſue: ioinct que ladicte exalation conſomme icelle nuee, la changeant en ſa nature: ceſt à dire d'air fort humide & groſſier, en vn air viſqueux & chaud comme lexalation: Or telle mutatiõ ne ſe peut faire ſans augmẽter la matiere dicelle nuee: car d'vn air tãt aquatique on en peut faire dix fois autant dautre plus chaud, moins groſſier & humide: telle augmentation donc laquelle aduient tout à vn coup, faict que l'exalatiõ ainſi augmentee ne peut plus loger dans la concauité dicelle nuee, mais ſe dilate d'vne part & d'autre: dont aduient qu'entendõs icelle exalatiõ hurter d'vne impetuoſité grande icelle nuee, tantoſt deçà, tantoſt delà, cherchant les androis les moins eſpes pour ſe dilater: & en fin par la coliſiõ de ces deux corps, ſe frottans l'vn cõtre lautre bien rudement, la chaleur s'augmente en telle sorte qu'il s'ensuit vne inflammation. Or depuis qu'icelle exalatiō est enflambee elle faict pis qu'au parauant, cherchant son échappatoire plus furieusement quelle ne faisoit auãt l'inflammation, & entendons lors les gros coups de tonnerre: car comme la poudre ardente enfermee dãs le canon, ront tout pour s'éuader, ainsi l'exalation penetre quelque fois des nuees, qu'ont plus de dix mil lieues d'espesseur.

MARGVERITE.

Le feu du foudre ne sort pas du premier coup cōme le feu du canon: car nous voyons par plusieurs fois le feu du tonnerre, qu'appellons l'escler, premier que le foudre tombe en terre.

CHARLES.

La grande épesseur de la nuee empesche l'exalation enflambee de sourtir du premier coup: mais lors qu'icelle nuee commance à se dissiper, se conuertissant en eau, lors le feu se desueloppe, sortant par la partye la plus foible dicelle nuee qu'est souuant la partye d'embas, & voyons le foudre tomber contre les flans de la terre d'vne impetuosité grande, escarmouchant ce qu'il rencontre quelque fois bien rudement, par fois il ne faict point de dommage, celon que sa matiere est rare & épesse: agissant plus rudement contre vn corps dur qui luy resiste, comme vn rocher ou vn arbre, qu'il ne feroit contre vne balle de laine, ou quelques autres corps rares, & de peu de resistance: & auient souuent qu'il quasse les os d'vn animal qu'il rencontre, sans endommager la peau : à cause que la matiere ardente, q u'est tres-subtile, penetre facillemẽt la chair, passant à trauers dicelle: mais ne pouuãt penetrer les os, il faut qu'ils rõpent pour faire place à icelle matiere ardente.

On ne doit point trouuer estrange ce bruit & tonnerre qui se faict à cause de lair multiplié, dautant qu'vne chastaigne estant exposee au feu en faict bien autant.

Nous ne deuons aussi nous estonné de l'inflammation prouenant de l'antiperistase, dautant qu'on voit la chaux viue, laquelle est seiche & chaude, conbatre cõtre leau froide & humide, de sorte qu'icelle chaux s'esclatant rompt quelquefois le tonneau ou elle est. Vn blanchisseur ma dict qu'il auoit veu bruslé vne grange par le moyen d'vn muid de chaux couuert & enuirõné de paille, dans lequel leau de la pluye tombant causa telle inflammation. Le Sieur Camille Agrippa a faict vn liure entier des vents & du tonnerre lequel vous pourrés veoir.

MARGVERITE.

Vous me dictes que l'exalatiõ enflambee bat les coustés de la nuee, deçà & delà, ne tachant qu'a sortir, qu'est la cause du bruit que nous entendõs: Or ie vois à leul que lors qu'icelle nuee est frappee du foudre, il s'y faict vne fante à trauers, par laquelle fante s'euade quelque petite portion dicelle exalation, qui cause l'eclair, & toutefois nous n'entendons le bruit que long temps apres : doù vient cela?

CHARLES.

Il faut croire que le bruict precede tousiours léclair, lequel ne se voit qu'apres coup frappé, mais à cause de la distãce nous ne pouuons entendre ce bruict cy tost aprés, combien que leul qui est plus subtil que louye descouure incontinant le feu : comme quant on tire de nuict en vne pleine quelque artilerye à vne lieue ou deux de nous, nous voyons aussi tost le feu, & bien long temps apres nous entendons le bruict, à cause de la diſtance qu'eſt entre noſtre ouye & le canon.

Il y a de pluſieurs ſortes d'eſclairs : ſes vns ſe font comme le foudre mais la matiere n'eſt baſtante pour faire bruit intelligible, ni auſsi pour ietter leur feu iuſques à la terre. Les autres eſclairs prouiennent d'vne exalation enflambee laquelle s'euanouit en lair en vn inſtant.

MARGVERITE.

On voit tomber quelque fois vne pierre auec le foudre, laquelle eſt griſe & quelque fois groſſe comme le poing : doù uient elle?

CHARLES.

Ceſte pierre ſengendre en lair lors que lexalatiō ardente demeure trop long temps à deſcendre : & tant plus le foudre tombe lentement, tant plus ceſte pierre à loiſir de ſe former : car l'exalation ardente diminue touſiours de groſſeur & de force, & ſe reſout en fin en pierre : il faut auſſi que la matiere de lexalarion ſoit viſqueuſe & graſſe pour former icelle pierre,

MARGVERITE.

Voila grād cas qu'vn corps tenāt plus de cent lieues de place, ſe reſout en fin en vne tant petite pierre.

CHARLES.

Le feu du tonnerre cōſomme tout : ioint que la matiere du foudre n'eſt du commancement qu'vne exalation ou fumee tres-ſubtile, laquelle n'engendre en la baſſe region de lair que du vent : mais lors qu'icelle exalation eſt forte & puiſſante, elle monte iuſques en la ſeconde region de lair où elle ſenflambe, eſtant enuironnee d'vne nuee, & engendre les tonnaires. Si ceſte exalation monte iuſques en la premiere region de lair ſans aucun empeſchement, elle engendre pluſieurs ſortes de feux. cōme cometes, brādōs, caprioles

ſautans

ſautans en lair, lances de feú, eſtoilles tombantes & choſes ſemblables.

Les nuees ne montent iamais iuſques en la premiere region de lair, tant à cauſe de la diſtance dicelle à la terre, qu'à cauſe qu'icelles nuees ſont diſsipees par le froit de la ſeconde region de lair. La baſſe region eſt moins épaiſſe cent fois que la ſupreme & la moyenne region de l'air.

MARGVERITE.

Comme ſallument ces feux que voyons en lair?

CHARLES.

Lexalation eſtant peruenüe iuſques en la premiere region de lair, eſt rauye auec icelle region, du leuant au couchant cõme les cieux, lequel mouuement va beaucoup plus viſte qu'vn traict d'arbaleſtre: Or eſtant lair raui d'vne telle violence il ſeſchauffe en telle ſorte que ſil rencontre quelque matiere combuſtible, comme lexalatiõ, queſt déja échauffee des rayons du Soleil, il ſenflambe auſſi toſt: L'exalation eſtant enflambee, le feu ſuit touſiours la matiere combuſtible ſelon qu'elle eſt diſpoſee: ſi ſexalatiõ eſt épeſſe & viſqueuſe en quelques androis, le feu y demeure dauantage, qu'es androis auſquels elle eſt ſubtile & rare: de ſorte qu'il nous ſemble veoir iceluy feu ſauter, puis ſarreſter tout court. Si la matiere eſt diſpoſee en longueur, vous voyés le feu bruſlãt icelle matiere, courir à trauers lair comme vne lance volante: Si la matiere eſt ſolide, bien ramaſſee en vne maſſe, elle eſt beaucoup plus de duree, attirant à ſoy toutes les exalations qui ſont en lair, dont elle ſentretient fort long temps: laquelle exalation ardente, ainſi ramaſſee, ſemble eſtre vne fort groſſe eſtoille, laquelle on nomme comete: dautant que bien ſouuent ſa matiere eſt diſpoſee, en ſorte qu'il nous ſemble veoir des cheueux tout à l'entour. Comata en latin, ceſt à dire cheuelüe : voila pourquoy õ appelle ceſte exalatiõ ardẽte vne comete.

Quãt ſa matiere ſẽtẽd du couſté d'ẽbas, on l'appelle comete queüée: Si icelle matiere tẽdãt du couſté d'ẽbas eſt ſubtile, ſẽblable à des rayõs, õ lappelle comete barbüe: Voila de 3 ſortes de cometesque voyõs en lair

La comete apparoit plus ſouuent en Autonne qu'au Printemps: dautãt que la ſaiſon autonnale eſt froide & viſqueuſe, propre pour eleuer force exalations en lair. Icelle comete dure ſept iours pour le moins, & ſix mois pour le plus.

On dit que la comete cauſe les guerres & diſſentions: dautant que pendant qu'elle apparoit lair eſt fort enflambé, augmentant la cholere au cœur des hommes.

On dit auſsi qu'elle ſignifie la mort de quelque grãd: par ce que lair eſtant pour lors viſqueux, eſpes & mal ſain, eſt plus dangereux aux princes qui ſont delicats, qu'aux villageois & hõmes robuſtes. La comete cauſe les grãds vens dautant que la ſeicheresse eſt grande pour lors, & ne peuuent les vapeurs ſe reſoudre en eau: laquelle ſeicheresse cauſe auſsi bien ſouuent la famine.

On voit en lair plusieurs feux qui ſemblent eſtre des eſtoilles tombantes du firmament, & toutefois ce n'eſt qu'vne exalation enflambee.

Quant aux rougeurs que voyons en ceſte premiere region de lair, elles appareiſſent lors que lexalation eſt fort échauffee, neſtant toutefois aſſés viſqueuſe pour faire feu euident. Daucuns dient que ces rougeurs aduiennent lors que l'exalation eſt illuſtree par le Soleil eſtant ſoubz terre, ou par quelques autres aſtres.

Les gouffres ou abiſmes apparoiſſent lors que l'exalation eſtant en la 2. region de lair eſt meſlee auec quelque vapeur, & qu'icelle exalatiõ eſt illuſtree par les bors des rayons du Soleil ou de quelque aſtre: iceux bors apparoiſſent rouges & le milieu de la nuee où l'exalation eſt plus épeſſe apparoit obſcur & noir, ſemblable à vne abiſme.

Les feuz que voyõs en la baſſe region de lair tõbent de la ſupreme regiõ diſipãs les exalatiõs qu'ils rencõtrent en lair, cherchans quelque fois leur paſture iuſques proche la terre, voltigeans ſur les mareſtz & riuieres, & durẽt ces feux folaſtres tant quils trouuent d'exalatiõs. Dautres dient qu'ils s'allumẽt en la baſſe regiõ de lair par lantiperiſtaſe, lors que la chaleur de lexalatiõ eſt cõbatue par le froid de la 2. regiõ de lair

MARGVERITE.

Ie vois quelque fois en lair vn arc compoſé de trois couleurs, à ſcauoir d'incarnat, vert & rouge, qu'on appelle larc en ciel, doù prouient il?

CHARLES.

La figure suyuante vous monstrera la cause de c'est arc celeste.

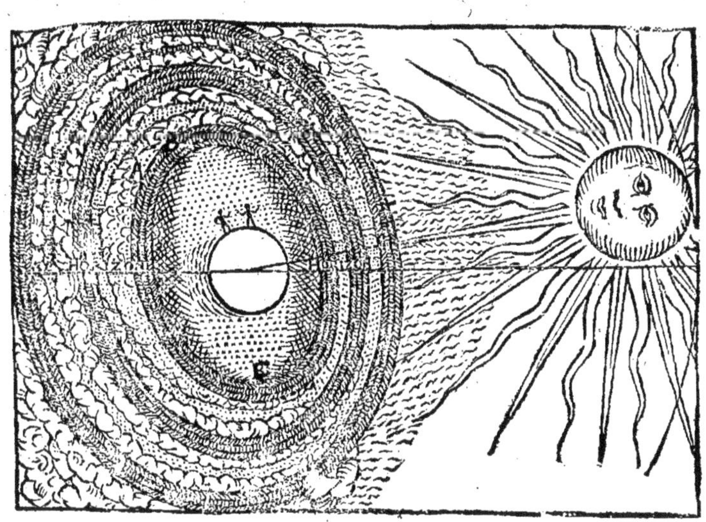

Vous voyés le Soleil d'vn cousté, & la nuee d'vn autre directemẽt opposee à iceluy : laquelle nuee est rõde comme vn demi globe, ayant sa cõcauité exposee au Soleil de mesme que le creux d'vn bassin : elle est luisante cõme vn miroir, à cause qu'estant sur le point de se conuertir en eau, elle est formee d'vne infinité de petites gouttes brilantes. Or ne pouuant icelle nuee representer perfaictement l'image du Soleil, tãt à cause des vapeurs interposees faisans en icelle le Soleil beaucoup plus grand qu'il n'apparoit, quà cause de la distance qu'il y a entre iceluy Soleil & la nuee, elle represente seulement pour toute figure du Soleil, trois cercles de trois couleurs: Le premier cercle cotté A. est incarnat, le secõd qu'est B. est coloré de vert, & le troisieme où est le C. est rouge: L'incarnat est la couleur la plus claire, dautant que ce cercle est sur le bord qu'est la partye de la nuee plus proche du Soleil, estant frappee des drois rayons d'iceluy, lesquels causent vne reuerberatiõ plus forte & claire: Le vert est plus obscur que l'incarnat, ce cercle aussi est plus éloingné du Soleil: le rouge qu'est la couleur la plus obscure des trois est au dernier cercle le plus éloingné: car tant plus les rayons Solaires vont auãt en la nuee, tant moindre est leur reuerberation, cõme aussi leur force & lumiere. On voit quelquefois entre le vert & le rouge vne couleur iaune, qu'est la reuerberatiõ des couleurs voisines.

L'image du Soleil est representee confusement en ceste nuee creuse, à cause des vapeurs interposees entre le Soleil & icelle nuee, comme nous auons dit cy dessus, il en aduient de mesme lors qu'interposons vn verre plain deau claire entre le Soleil, & quelque parois opposee a iceluy Soleil.

Pour le regard des couleurs, daucuns dient qu'aux androis où la nuee est plus massiue, comme aux bors dicelle, la reflectiõ en est plus forte, & là apparoit l'incarnat, qu'est la couleur la plus claire: & lors qu'icelle nuee s'afoiblit là couleur deuient obscure, dautant que la reflectiõ est plus débile, & là voit on le vert: puis apres on voit le rouge, à cause qu'icelle nuee diminüe tousiours s'afoiblissant au milieu.

On ne peut veoir que la moitié d'iceluy arc en ciel ou vn peu plus, estant l'autre moitié tousiours cachee dessoubz nostre horison: & tant plus le Soleil est esleué sur iceluy horison, approchant le midi, tant plus larc en ciel est petit: il apparoit fort grand au leuant ou au couchant, & faut noter que le centre d'iceluy arc respond droictement au centre du Soleil.

On voit quelque fois deux arcs au ciel, mais les couleurs ne sõt disposees de mesmes: car au lieu qu'au premier arc l'incarnat precede le vert & le rouge, on voit au second le rouge premier, puis le vert & l'incarnat: estant ce second arc plus debile, & moins coloré que le premier: dautãt que ce n'est que la reuerberatiõ du premier arc en ciel, qu'on voit en vne nuee plus haute.

Ce second arc en represente quelque fois vn tiers, par sa reuerberatiõ, mais il est si mal marqué quà peine le peut on veoir, & a les couleurs disposees de mesme que le premier: à scauoir l'incarnat sur les bors, puis le verd & le rouge.

Cest arc ce voit aussi de nuict estant formé par sa reuerberation des rayons de la lune, mais il n'est pas coloré comme de iour, estant causé du Soleil.

On ne peut veoir le rond de cest arc en ciel entierement, en quelque androit de la terre où on puisse estre, dautant que la nuee est disposee en sorte que si nous estions en vn autre climat fort esloingné, nous ne verrions plus la reuerberation des rayons Solaires causans larc en ciel comme nous faisons à l'androit où nous sommes.

MARGVERITE.

Ie vois par fois à l'antour de la lune vn cercle coloré comme l'arc en ciel: est ce de mesme?

CHARLES.

Ce cercle la se nomme la coronne en l'air, & prouiẽt de la reuerberation des rayons de la lune, donnans sur la nuee qu'est ronde & vniforme, cest à dire ni plus claire, ni plus obscure & épesse en vn androict qu'en l'autre, estant ceste nuee interposee directement entre nostre eul & le corps lunaire, comme nous voyõs en la figure suyuante.

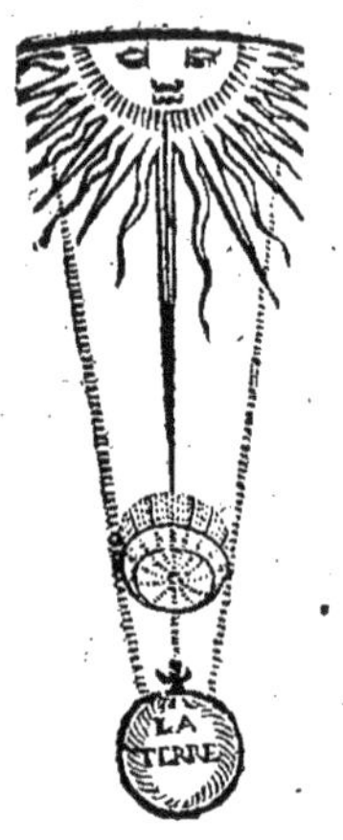

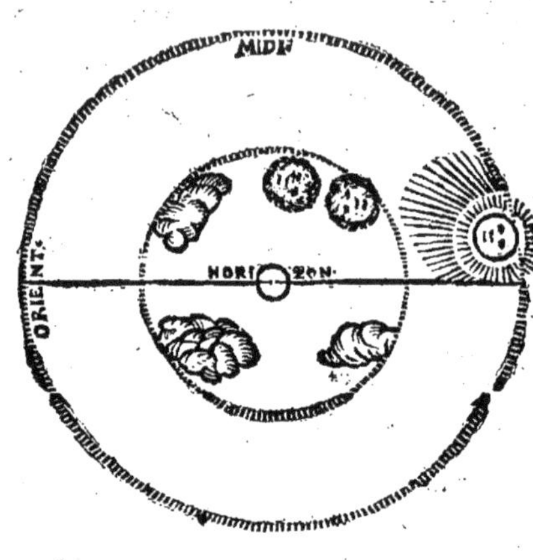

On voit aussi quelque fois ceste coronne à lentour du Soleil, mais elle n'est pas tāt coloree, & dure moins que si elle estoit soubz la Lune, Venus ou Mars: dautant q'uelle est bien tost dissipee par la chaleur du Soleil, à cause q'uicelle nuee est fort delica te & sterile, ne pouuant icelle nuee se conuertir en pluye ni en vent.

Cest vn grand merueil de veoir deux Soleils tout à vn coup, comme on voit quelque fois par le moyen d'vne nuee, que n'est à l'opposite du Soleil, cōme celle de larc en ciel, ni directemēt dessoubz iceluy, comme celle qui cause la coronne en lair, mais ceste nuee est à costiere & proche iceluy Soleil, laquelle nuee estant bien épesse vniforme & polye, preste à se conuertir en eau represente (à cause de sa lueur aquatique) le corps d'iceluy Soleil, donnant sur icelle de ses rayons lumineux. Si telle nuee se rencōtre à costiere de la lune, on verra de mesme deux lunes.

Pline recite que du temps du Consulat de Cneus Domitius & L. Annius on a veu trois lunes, à sçauoir, vne vraye & deux images dicelle es nuees de costiere: on peut veoir de mesme iusques à trois Soleilz: telle apparẽce se voit pour le regard du Soleil, au leué & couché d'iceluy, & principalmẽt quant il se couche. On ne voit guiere deux Soleils à midi: Aristote dit toutefois que proche les bosphores qui sont deuers Constantinople, on a veu deux Soleils durer depuis le Soleil leuant iusques au coucher d'iceluy.

MARGVERITE.

Vous me confondés de me dire tant de choses tout à vn coup: parlõs seulement de nostre globe, & voyons qu'elle épesseur ont ces regions de lair, & la distãce depuis la terre iusques au ciel de la lune.

La moyenne region de lair s'augmente quelquefois en froidure, se dilatant vers la premiere region de lair, comme aussi du cousté de l'infime region, & par ce moyen lépesseur d'icelle moyenne region est augmẽtee: elle diminue quelque fois dépesseur, lors que la supreme & infime region estendens leur chaleur, se dilatant sur icelle moyenne region.

CHARLES.

Ie vous ay déja dit par cy deuãt, pour le moins vous aués peu veoir es tables precedentes, que le ciel de la lune est distant de la terre de 17: diametres terrestres.

MARGVERITE.

Combien contient de lieües le diametre terrestre?

CHARLES.

Il vous faut sçauoir premieremẽt cõbien la terre a de circuit, puis vous trouuerés facilement son diametre.

Son circuit est, selon Ptholemee, de cent quatre vingt mil stades, que peuuẽt estre onze mil deux cens cinquãte lieües françoises, attribuãt à chascun degré de la terre cinq cens stades, ou 31, lieües françoises.

Les Geographes modernes n'y ont peu retrouuer ceste mesure, & ne donnent que sept mil deux cens lieües françoises au circuit de la terre, attribuans à chascun degré terrestre vingt lieües de long.

DV DIAMETRE DE LA TERRE

MARGVERITE.

Qu'appellés vous vn degré terreſtre?

CHARLES.

Ceſt l'vne des trois cens ſoixante partyes, eſquelles le circuit de la terre eſt diuiſé. Ie vous ay déja dit cy deuant que les meſmes cercles qu'on imagine au ciel on les attribue auſſi à la terre, & cõme il y a vn equinoctial au ciel, diuiſant le globe celeſte en deux partyes égales, il en y a vn de meſme en terre coreſpondãt à celuy du ciel, & diuiſant icelle terre en deux partyes égales: lequel equinoctial terreſtre eſt diuiſé en 360. degrez terreſtres, correſpondans aux 360. degrés celeſtes, comme nous voyons en la figure ſuyuante.

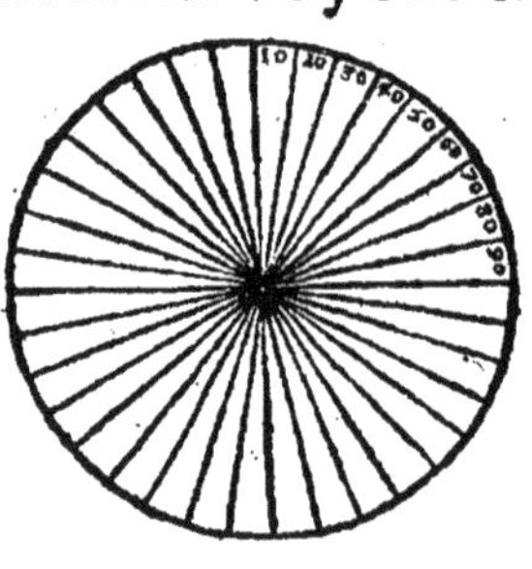

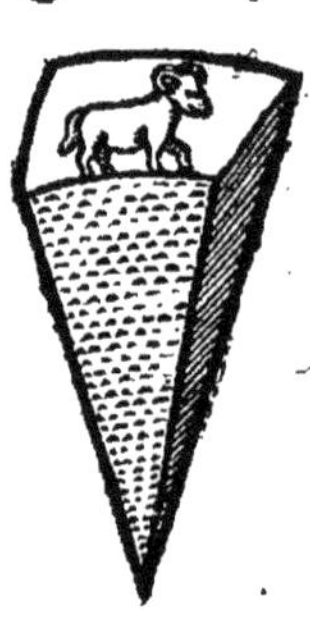

Or en donnãt à chaſcun degré terreſtre vingt lieües françoiſes, & les multipliant par trois cens ſoixante fois, vous trouuerés que la terre aura ſept mil deux cẽs lieües françoiſes: & lors qu'aurés trouué le circuit pour peruenir au diametre il faut partager iceluy circuit en vingt deux partyes, ſuyuant la reigle du cercle & du diametre, ce faict vous trouuerés en chaſque partye enuirõ 327. lieues, lequel nombre il faut oſter d'iceluy circuit cõtenãt 7200. lieues, partant reſtera 6873.

6873. lieües & demye, lesquelles si vous partagés en trois partyes vous trouuerés en chascune d'icelles enuiron 2291. lieües, qu'est le vray diametre de la terre, comme vous voyés en la figure suyuante: on prẽd de mesme le diametre du rond.

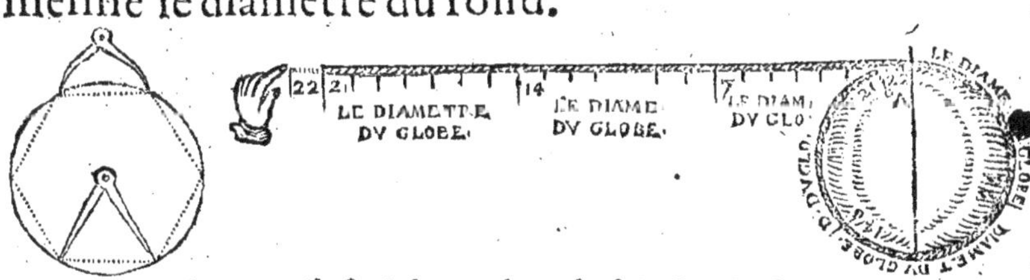

On peut mesurer auec l'astrolabe combien chascun degré a de lieües, en tournant droit au pol la reigle de l'astrolabe portant deux pinules ausquelles y a deux pertuis ou visieres; & par icelles remarquer le pol & escrire sur des tablettes la hauteur d'iceluy, c'est à dire de cõbien de degrés il est éleué sur nostre horison: Puis partant de ce lieu faut tirer droit audict pol, voyageãt du cousté de Septentrion, & vous trouuerés que quant vous aurés fait 20. lieües françoises, vous augmenterés d'un degré la hauteur par vous prise partant de vostre pays, & aurés fait vn degré terrestre: mais il faut que le chemin se face en plain pays, ou sur la mer.

Pour cognoistre la mesure des lieües il faut veoir premierement les plus petites mesures desquelles vsent les Geometres: & sçauoir que 4. gros grains dorge agencez vẽtre cõtre ventre, font vn doigt, 4. doigs vne main: 4. mains vn pied: 5 pieds vn pas geometrique: cent vint cinq pas vne stade: 8. stades font mil pas ou le mil d'Italie: les deux mil pas font la lieüe Italique: 2. lieües d'Italie font vne lieüe françoise: les 20. lieües françoises font vn degré terrestre.

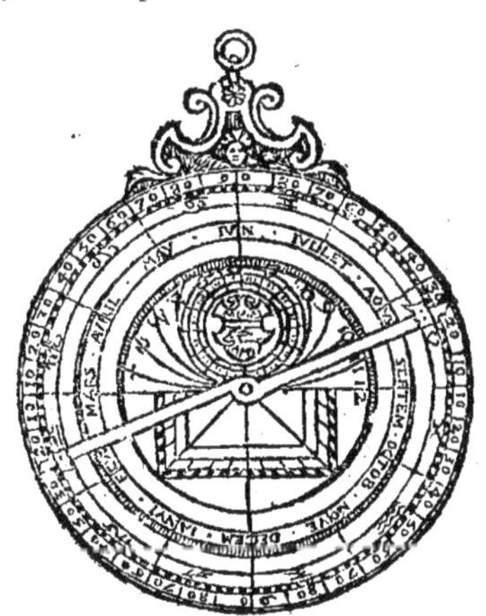

Le degré est diuisé en 60. minutes de degrez: l'heure est diuisee de mesme en 60 minutes d'heure: chasque minute d'heure est subdiuisee en 60. secondes, chasque seconde en 60. tierces &c.

MARGVERITE.

vous y faictes trop de façons nostre tonnelier prend plus facilememẽt auec son compas la mesure du rond le diuisant en six arcs & dõnant à la corde de chacun diceux le demy diametre diceluy rond : laissons ces subtilités, il me suffit de scauoir que la terre a de circuit 7200. lieües françoises & son diametre 2291. en attribuant à chascun degré terrestre 20. lieües françoises. Ie desireroye maintenant de veoir vne figure d'icelle terre à fin de remarquer les pays & royaumes iusques au bout du mõde. CHARLES.

Vous aués mal retenu ce que ie vous ay dit cy deuãt: la terre n'a ny fin ny commencement, estant icelle cõme vn globe rond suspendu en l'air, dont ie vous ay apporté plusieurs exemples : Or à fin que voyés icelle terre plus clairement ie vous representeray la figure en deux demys globes, pour la veoir d'vn cousté & d'autre, ensemble tous les androis ausquels elle est enuironnee de la mer Oceane.

MARGVERITE.

Iay autrefois ouy dire qu'il estoit beaucoup plus d'eau que de terre, & ne l'eusse iamais creu, n'estoit que ie le vois par ceste figure. CHARLES.

L'eau veritablement est de plus grãde estendue que la terre : mais il y a en profondeur plus de terre que d'eau, & quelques profondes que soient les abimes & goufres de mer, si est ce que la terre est dessoubz contenant en soy toutes les eaux, à cause qu'elle est solide & massiue : que si elle s'ouuroit iusques au milieu elle

figurent le bras droit: l'Italye le gauche, l'Almaigne re-

LE GLOBE TERRESTRE.

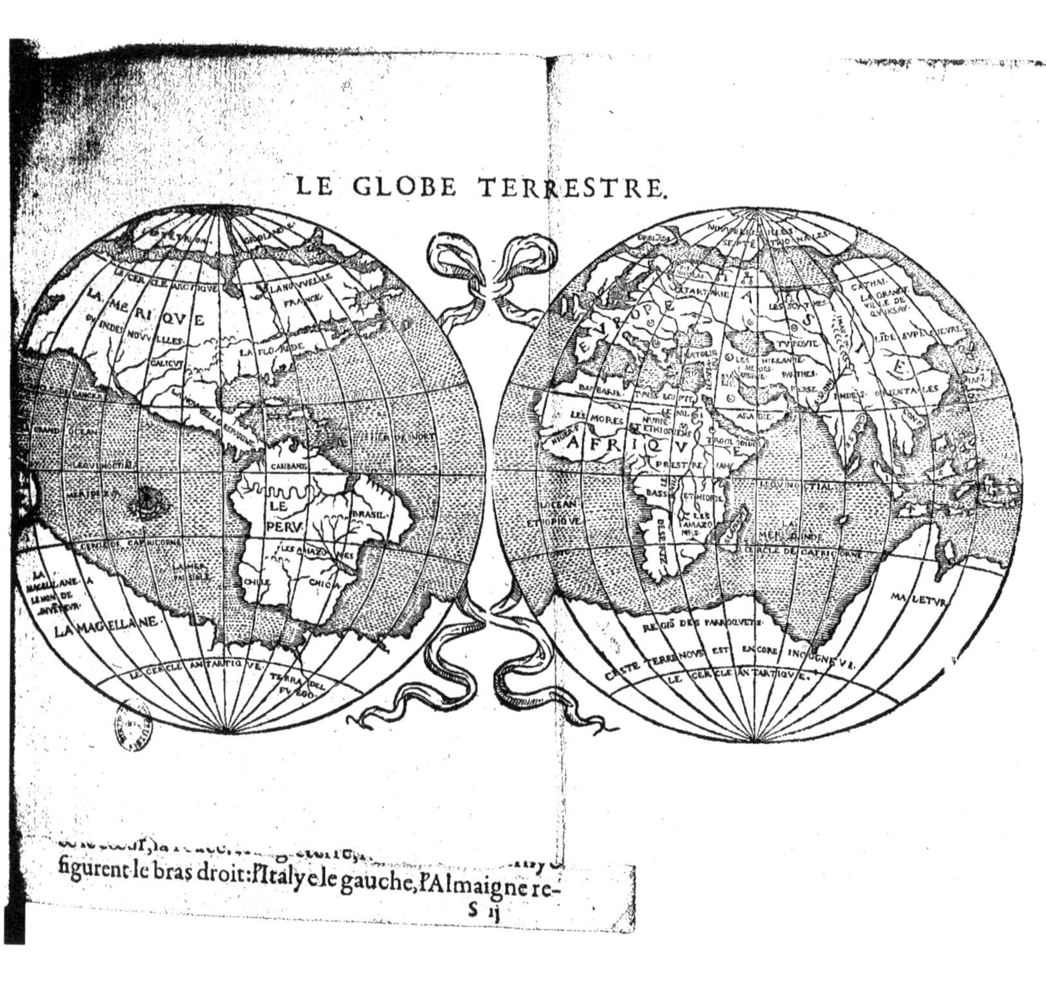

figurent le bras droit: l'Italye le gauche, l'Almaigne re-

englоutiroit & deſeicheroit mil mers , ſil ſen rencontroit autant : Leau donc n'a point dépeſſeur, & n'eſt qu'vne petite peau couurant la terre, ayant égard à la profondeur d'icelle terre, laquelle a iuſques à ſon centre 1145 lieües & demie françoiſes.

MARGVERITE.

I'ay autrefois veu le cœur du monde auquel l'Europe, & l'Afrique eſtoient diſpoſees en ceſte ſorte.

CHARLES.

Vous aués peu veoir auſſi la carte de l'Europe repreſentant vne Reigne.

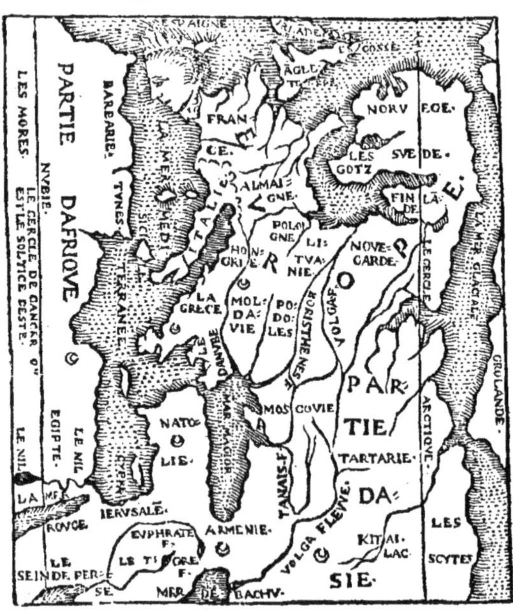

La teſte demonſtre le royaume d'Eſpaigne : le ſein & le cœur, la Frãce. l'Angleterre, l'Ecoſſe & Hibernye figurent le bras droit: l'Italye le gauche, l'Almaigne re-

represente le corps: l'Hongrie, Poloingne & Lituanye sont à l'androit du ventre: La Grece, Moscouye, Nouegarde & les pays voisins nous figurent les vétemens de l'Europe épars d'vn cousté & d'autre.

MARGVERITE.

Ie vois ceste pauure Europe cõme toute éperdue, tendãt les bras en l'air, & apperçois vn dragon qui l'éporte pour la deuorer.

CHARLES.

Ie n'auois iamais prins garde à ceste teste de dragon que remarqués derrier la Reigne, & crois que ceste isle de l'Europe ainsi disposee, cõme no⁹ voyõs en la figure precedẽte, a donné occasiõ aux Poëtes de feindre qu'icelle Europe estoit fille d'Agénor Roy de Phœnicye, laquelle Iupiter transformé en beuf, enleua de sõ pays d'Asye & la rauissant s'élanca auec elle dãs la mer.

MARGVERITE.

Qui voudroit faire de mon Dragon vn beuf, il faudroit qu'il eut l'industrye du sculpteur Myron pour ébaucher ceste figure d'autre façon qu'elle n'est.

CHARLES.

Si vous voyés maintenãt les Beufs en marbre de Myron, vous les trouveriés écornez de mesme que le beuf portant l'Europe: & croiés que depuis le tẽps des premiers Poëtes, la figure mesme de l'Europe a bien chãgé de forme estãt chascũ iour écarmouchee des flotz de la mer.

MARGVERITE.

Ie ne puis bonnement veoir les pays & royaumes de l'Europe en vne tant petite figure.

CHARLES.

Voici vne carte plus ample & cõme vous la demãdés.

EVROPE.
LA MER GLACIALE
SEPTENTRION.
S. ANDREY.
BIARMIE.
TARTARIE.
OV REGNE LE GRAND
CHAM.
LES SCITHES
IS LANDE.
FINMARCHE.
SVEDE.
NORVEGVE.
CORE LIE.
NOVE GARDIE.
LE PORT S. NICOLAS.
PARTIE.
VOLGA FLEVVE
DE LASIE.
LIVO NIE.
MOSCOVIE.
TANAIS FLEVVE.
IRLANDE OV HIBERNIE
PVRGATOIRE S. PAT.
ECOSSE.
ANGLETERRE.
LA MER DALMAIGNE
LITVANIE.
BORISTHENES
TVRQVIE
FRISE.
SAXE.
LA MARCHE.
POMIEREE.
PRVSSE.
CLEVE.
ALMAIGNE.
BOHEME
POLOIGNE.
RVSSIE.
PODOLE.
TANAIS
PARTIE D'ASIE.
VOLGA FLEVVE
LA MER DV COVCHANT
FLANDRES
PICARDIE.
FRACE
LVXE BOVRG
FRANCONIE.
TRANSSYLVANIE
NORMADIE.
BRETAIGNE.
PARIS
ANIOV
BRIE
CHAPAI.
LORAINE.
STRASBORG
BAVIRRE.
AVSTRICHE.
HONGRIE.
MOLDOVIA.
BOSPHORVS.
LES GEORGIENS.
HERETIQVE.
POITOV.
BOVRGOGNE
ARMENIE.
LE DANVBE
WALACHIA
LA MER MAIOR DITE PONTVS EVXINVS
SAVOIE
PERIGORT.
LAGVEDOC
PROVENCE
PIEMONT
ITALIE
SCLAVONIE.
COSTATINOPLE
GALICE.
NAVARNE.
ARRAGO.
LA GRECE.
TRACE
CAPADOCE.
BOSPHORE.
ABYDVS
NATOLIE OV
TVRQVIE.
LES MEDES
LIGVSTIQVE
CORSE
ROME.
NAPLES.
CALABRE
LA POVILLE
MER TYRRENVM
TROYE.
ASIE MINEVRE.
TIGIL OV
LE TIGRE FLEVVE.
CASTILLE.
ESPAIGNE
ALBANIE.
MACEDONIE
SARDINE.
PARTIE DASIE
EVPHRATE FLEVVE
MESOPOTAMIE.
GRANADE
LA MER
MEDITERRANEE
SICILE.
LA MOREE.
SVRIE.
ALGER.
CARTAGE.
TYNES.
CYPRE
BARBARIE.
CANDIE
MEDITERRANEE
IERVSALEM.
IVDEE.
ARABIE.
LA MER
LE MONT ATLAS
D'AFRIQVE

Nous voyons premiement au quarré & porpris d l'Espaigne six royaumes, à sçauoir, les royaumes d Galice & de Lusitanie, qu'on dit à present Portuga lesquels costoyent la mer Oceane Occidentale: Le royaumes de Granade & Arragõ s'estentdent du cou sté de la mer Mediterranee, le Royaume de Nauarr aboutit aux mons Pyrenees, & le royaume de Castill est au milieu, estant enuironné des cinq Royaumes c dessus.

Aucuns diuisent l'Espaigne dicte anciennement Iberie en 14. royaumes, à s uoir le royaume de Castille, l'ancien & nouueau, Leon, Arragon, Cataloigne, N uarre, Asturie, Grenade, Valence, Tolede, Gallice, Marcia, Corduba, Por gal & Algarbe. l'Espaigne est voisine de l'Afrique, du costé de la mer d'Herc qu'on dit à present le destroit de Gibraltar. Ilz ont en Espaigne mines d'Arge Cheuaux exquis, Figues & Oranges.

MARGVERITE.

Ie vois la France qu'est diuisee de l'Espaigne par le mons pirenees, & du cousté de l'Italye par les Alpe mais ie ne vois aucune separatiõ du cousté de la Fla dre, ni de l'Almaigne.

CHARLES

Voicy vne carte de la France qu'est plus ample e laquelle nous verrons mieux les frontieres de ce Roy aume.

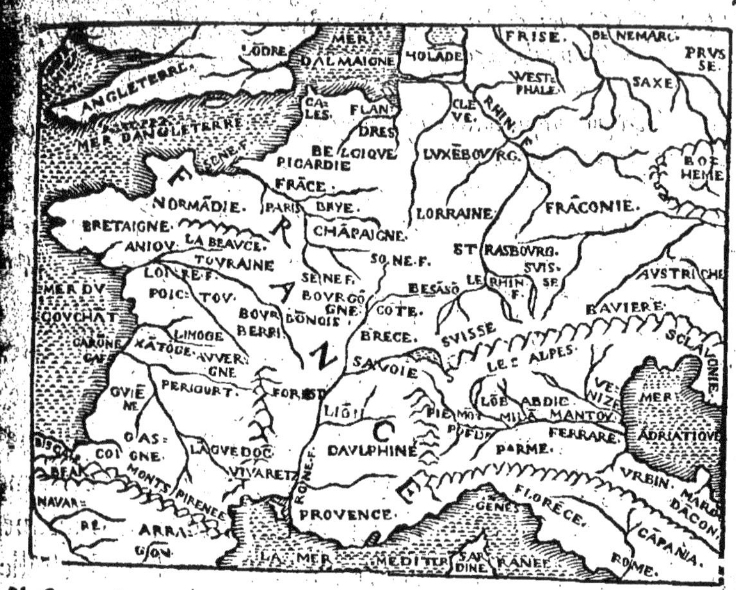

Il faut depuis Calais tirer par terre ferme vne line [i]usques à Strasbourg, costoyant tousiours la Flandre [&] la Lorraine : & de Strasbourg tirer droit à Besançō [s]uyuant la Sone iusques à Lion, laissant la Bresse & la [S]auoye à main droicte, & de Lion faudra tirer à Grenoble, & aux monts des Alpes, lesquels diuisent le [D]auphiné & la Prouence de l'Italye : Voila comme [l]a France est facheuse à l'imiter de ces coustés la.

La France estoit anciennement appellee Gaule du mot Greo Gala, qui signifie du [l]aict : à cause que les Frāçois ōt la plus-part le tein blāc cōme laict : Le pays de Gau[le] a esté de plus grande estendue que nostre france : car il comprenoit tous les pays cou[te]nus ētre les monts Pirenées, les Alpes & la riuiere du Rhin : mesmes la Lombar[die] estoit appellée des anciēs Romains Gaule Cisalpine ; c'est à dire de deça les Alpes.

Nostre Gaule appellée d'iceux Romains Transalpine estoit diuisée en quatre [pa]rtyes, à scauoir la Gaule Belgique comprenant les pays contenus entre la riuiere de [Se]ne & le Rhin : cōme la Flandre, le pays de Luxembourg, Picardie, l'isle de Fran[ce], Champagne & aultres pays iusques en Bourgoingne, Sauoye & Bresse.

La partye des Gaules, dictes Galia Narbonensis, *appellee proprement d'icex romains Gaule Transalpine, comprend le Dauphiné, Languedoc, Prouence iusques à l'Auuergne.*

La Gaule Aquitanique cotient la Gascongne, Bordeaux, & pays proche la Garonne s'extendant iusques aux monts Pyrenées.

Galia Lugdunensis, anciennement dicte, Gaule Belgique, *comprenoit les pays contenuz entre la Sene & la riuiere de Loire, à sçauoir Bretaigne, Normandie, Poitou, Touraine iusques en Forestz & pays Lionnois: Voila les quatre partyes esquelles nostre Gaule estoit anciennement diuisee.*

MARGVERITE.

Ie vois en nostre France quatre grãds fleuues, à sçauoir, la Sene passant de Paris à Rouan: Loire d'Orleãs à Nantes en Bertaigne, la Garonne de Toulouse à Bordeaux, & se rendent ces trois fleuues en la mer Oceane: la Sone entre à Lion dans le Rone lesquels se rendent en la mer Mediterranee proche Marseille.

Il y a encores d'autres fleuues en France qui se rendent en la mer, comme la riuiere d'Aude, Garande, Charante, Orne, & autres petites riuieres.

CHARLES.

Ces fleuues nous aportent vne infinité de commodités pour le traffique des marchandises: Nous auons aussi les mers fort propres pour nauiger, & outre ceste commodité nous tirons le sel de la mer Oceane par le moyen des marestz de Broüage & Xãitõge qui sõt les plus beaux de l'Europe: bref nous nous pouuõs venter d'auoir en France toutes choses necessaires pour nostre nourriture & entretenement sans recourir à nos voisins.

Nous parlerons amplement cy apres des marestz de Xanitonge.

MARGVERITE.

Iay autrefois ouy parlé des états de France ausquels on appelle les douze prouinces, monstrés les moy en ceste carte.

CHARLES.

CHARLES.

Vous aués premierement lisle de france, la ville preuosté & visconté de Paris, le duché de Bourgongne, le duché de Guienne, le duché de Normandye, le duché de Bretaigne, la conté de Chãpaigne, le Lionnois, la Picardye, le duché d'Orleans, le conté de Toulouse, le Dauphiné, & la Conté de Prouence.

Il y a aussi huict cours de parlement en Frãce, à sçauoir le parlement de Paris, de Toulouse, Roüan en Normandye, Bordeaux en Guienne, Grenoble en Dauphiné, Aix en Prouence, Rene en Bretaigne & le parlement de Dijon au duché de Bourgongne.

MARGVERITE.

Parlons maintenant de l'Almaigne: cõme la distinguerons nous de la France?

CHARLES.

Ie vous ay deja monstré la separation quant iay parlé de la France, que si vous trouués ceste diuision trop facheuse à remarquer, suyuons l'ancienne separation des Gaules & de la Germanie, qu'est la riuiere du Rhin. Le pays d'Almaigne s'estand iusques en Poloigne, Hongrie & Sclauonie, du cousté du leuant, estant limité deuers midy, & separé de l'Italie par les Alpes, & se termine du cousté de Septẽtrion, à la mer Oceane.

Lalmaigne est vn pays des plus grands de l'Europe, car elle contient la Flandre, Denemarque, Gueldres, Cleues, Boheme, Franconye (combien qu'on n'y parle pas Alment) Suisse, Bauieres, Austriche, Pomere. &c.

MARGVERITE.

I'ay remarqué cy deuant, en la carte d'Almaigne 3. principaux Fleuues, à sçauoir, le Rhin, du cousté de la

France, le Danube tirant deuers Hongrie & la riuiere d'Albe, venant de Boheme & se rendant en la mer Oceane proche le Royaume de Denemarc.

CHARLES.

Il y a aussi plusieurs autres belles riuieres qui rendẽt ce pays plus peuplé que nul autre. l'Almaigne abonde en mines D'or, D'argent, de Cuiure, D'erain, de Plonb, Fer, Couperose, soufre, Alun, sel, Anthimoine, & fournit tous les autres pays d'ambre : il y croit aussi du marbre du cousté des Alpes.

Le pays d'Almaigne est gouuerné par plusieurs seigneurs, il y a aussi quelques Euesques qui ont leurs pays separés: Ilz recognoissent Lempereur pour leur chef & y a sept Palatins & electeurs de l'Empire, à sçauoir, les Euesques de Maiance, Treues & Coloigne : le Roy de Boheme, le Duc de Saxe, le Conte Palatin, & le Marquis de Brandebourg. Denemarc & Boheme ont vn roy particulier.

Le conté de Flandres, Zelande Holande, Brabant. &c. auec le Duché de Luxembourg, appertiennent au Roy Despagne. Les pays de Suisse & Transsiluanie se gouuernent sans aucuns superieurs. Le pays de Pomerée est gouuerné de seigneurs natifs du pays sans auoir iamais eu princes estrangers.

Nous voyons du costé de Denemarc dela la mer d'Almaigne, les pays de Nouergue, ou Norduegue, qu'est soubz l'obeissance du Roy de Denemarc, qui possede aussi Islande qu'est vn Isle sus le Royaume Descosse. Suede ou Suesse, a vn Roy particulier qui possede aussi le Royaume des Gotz.

Le Roy de Poloigne possede aussi les pays de Lituanye, partye de Russye, Prusse, excepté la Duché qu'est gouuernée d'vn Duc particulier : Le duc de Moscouye qui est voisin à l'Asye se nõme aussi Empereur de Russye. Hongrie, Seruye & Bulgarie, La Romanie ou pays des Thrasses auec la Grece sont soubz l'obeissance du Turc.

Le mont de Parnasse & d'Helicon où est la fontaine Caballine, laquelle Pegase Cheual aislé descouurit auec le pied, sont au pays de Grece, lesquelz les Poëtes ont cõsacré aux Muses. La Moree estoit anciennement nommee Peloponese à cause quelle faict presque vne isle au bout de la Grece.

L'Italye est gouuernee par dix Seigneurs: le Pape tient Rome & quelques terres à lẽtour, qu'on nomme le patrimoine S. Pierre.

Le Roy d'Espaigne tient le Royaume de Naple, la Poüille & Calabre proche la mer Ionique auec le Duché de Milan en Lombardye, qu'est plus de la moitié de l'Italye.

Vous aués le Prince de Piemont ayant son pays au pied des mons des Alpes, puis cinq Ducz, à sçauoir, le Duc de Florence, de Ferrare, de Mantou, d'Vurbin, & de Parme. Il y a aussi en Italye deux villes de republiques, à sçauoir, Venise & Genes. Le Royaume de Sicile est possedé par le Roy d'Espaigne, cõme aussi Corse & Sardine. Il y a en la mer proche Sicile 2. gouffres ausquels leau s'engloutit abismant aussi les Nauires quant elles si rencontrent. L'vn de ces Gouffres se nomme Scilla, l'aultre se nomme Caribde. Le mont d'Ætna, auquel on void vn si grand feu est en ces quartiers là. Crete qu'on appelle à present Candie appartient aux Venitiens, & le Royaume de Cipre qu'est la derniere Isle de la mer Mediterranee, est soubz la puissance du Turc.

MARGVERITE.

Ie vois Langleterre qu'est du tout separee de la Frãce, faisant auec l'Ecosse vne isle en la mer Oceane : cõme sont diuisés ces Royaumes l'vn de l'autre?

Lecosse s'estend iusques vers les isles des Orcades proche la mer dicte Hyperboreum.

CHARLES.

On les separe par vn petit fleuue, nommé Tüede, & ont chacun leur Roy.

Hibernie est vne isle voisine appertenant partye au Roy d'Angleterre, & du cousté d'Orient, l'autre partye est gouuernee par plusieurs Princes du pays.

MARGVERITE.

Ie ne puis veoir en la carte cy dessus la separation de l'Europe & de l'Asye, il me semble que cest vne mesme terre, n'estant diuisee l'vne de l'autre par la mer?

CHARLES.

Le fleuue de Don, qu'on appelloit cy deuãt Tanais, en faict la separation, en tirãt vne droicte ligne depuis la source d'iceluy iusques auprés du Haure sainct Nicolas, d'où les Anglois apportent force marchãdises.

MARGVERITE.

C'est dommage qu'on n'a enfermé les pays du Duc de Moscouie en l'Europe, aussi bien est elle trop petite pour en faire vne partie du monde, & par ce moyen elle euſt eſté mieux diuiſee d'auec l'Aſie par Tanais & le grand fleuue de volga, qui ſ'entretouchent preſque à l'endroict de Turquie, tirant iceluy volga droit au fleuue nommé Omega, ſe rendant en fin au port S. Nicolas.

CHARLES

Vous aués beau à faire, vous ne ſcauriés ſeparer l'Europe de l'Aſye, cõme icelle Aſye eſt diuiſee de l'Afrique: car peu ſ'en faut que la mer rouge ne peruienne à la mer Mediteranee ſe ioinnant auec icelle pour ſeparer entierement l'vne de l'autre.

L'Aſie eſt à preſent diuiſee en cinq Monarchies: la premiere aboutiſſant à l'Europe appertient au Duc de Moſcouie, la ſeconde eſt ſubiette à l'Empereur de Tartarie qu'ils nomment le grand Cham, la troiſieſme eſt ſoubz l'obeiſſance du Turc, la quatrieſme appartiẽt au Sophi de Perſe, la cinquieſme partie comprend les Indes, lequel pays eſt gouuerné par pluſieurs Princes & Roys, c'eſt le pays le plus fertil qu'on ſcauroit trouuer & duquel viennent les perles & pierres pretieuſes, les Eſpices & Odeurs. Les habitans y ſont ingenieux, & viuent longuement tant à cauſe que l'air y eſt clair & ſerain, que pour les bons fruictz que ce pays produict & de toutes ſortes: Bref c'eſt vn Paradis terreſte. Il y a pluſieurs Iſles voiſines qui ſont auſſi fort fertilles, à ſcauoir zeilan, qu'eſt proche la premiere pointe des Indes entre les fleuues Indus & de Gangés, puis vous aués Samotra, appellee iadis Taprobane, *1: Borneo 2. Gilolo, 3. Iaua maior 4: Iaua minor tout proche & vne infinité d'aultres belles Iſles. Les Indes ſont ainſi nommées à cauſe du fleuue* Indus. *ſeruant de limite à ce pays. l'Amerique s'appelle quelquefois du nom* d'Inde, *mais inpropremènt.*

MARGVERITE.

l'Afrique ſeroit vne Iſle enuironnee de mers de tous couſtés, n'eſtoit ce peu de terre qui la ioinct à l'Aſie: mais où ſont les terres neufues?

L'Afrique eſt diuiſee en ſept parties, à ſcauoir, la Barbarie, l'Egypte, Biledulgerid, Sarra, le pays des Noirs ou Mores, le pays de Preſtre Ian & Zanzibar.

La Barbarie s'eſtend depuis la mer Occidentalle, dicte anciennement Atlantique où ſont les iſles de Canarie, couſtoyant touſiours la mer Mediterranee d'vn couſté

& le mont Datlas d'aultre, iusques en Egipte. Elle se deuise en quatre royaumes, à sçauoir, Marocco, Fais, Tolesin & Thunes, ou estoit Carthage. Le peuple de Barbarie est bon & non cruel comme plusieurs pensent, mais il est lourd & aisé à tromper. C'est grand cas qu'encores qu'il face fort chaud en ce pays & que les habitans y soient bruslez & noirs à cause de l'ardeur du Soleil, si est ce qu'on y void long temps des Neiges sur le mont Datlas..

L'Egipte est située entre Barbarie, la mer Rouge, la mer Mediterraée & le pays de Prestre Ian.

Biledulgerid, qu'on nommoit du passé Numidie, *où croist la plus part des Dactiers, est vn pais voisin des Noirs, Mores ou Ethiopiens.*

Sarra, qui signifie en leur langue Desert, *est vn lieu fort sterile, & sablonneux, sans eau ni habitation.*

Le pays de l'Empereur des Abissins, que nous appellons Prestre Ian, *s'estend de Septentrion à midy, depuis Egipte iusques aux lacs dont le Nil prend sa source, se dilatant d'Orient en Occident, depuis la mer rouge iusques au Royaume de Nubie, & au fleuue de Niger. Ilz nomment leur Empereur* Acegüe & Neguz, *cest à dire en leur langue Empereur & Roy. Le fleuue de Niger se pert soubz terre, la longueur de 30. lieües proche le Lac de Borno auquel il faict vn angle & recoin.*

Zanzibar s'estéd depuis les Desers & les Lacz où le Nil prend sa source, iusques à la mer qui enuironne ce pays des autres coustés. Lisle S. Laurent dicte, Madagascar *est voisine, laquelle abonde en yuoyre à cause des Elephans qui y sont.*

CHARLES.

Elles sont du cousté du couchant, & sont diuisees en deux, à sçauoir Lamerique & le Peru, faisans deux partyes du monde.

l'Amerique a este premierement découuerte par Americus Vesputius en l'an 1492. & depuis plus amplement par Christofle Colon. Ceste terre est abondante en Or & en sucre.

Le Peru principalment a Lor tant à commandement & en telle abondance qu'on n'en faict conte.

Les Espaignolz escriuent que faisans la guerre à ceux du Peru ilz armoyent d'Or les cornes de leurs Cheuaux faulte de Fer, & dict y auoir veüe vne maison de laquelle le Toit & les Parois estoiẽt d'Or entierement. Le Sucre estoit icy fort rare, auparauant qu'on eust descouuert ces pays, depuis nous en auons en abondance: ilz de-

uroyent rapporter moins de Sucre & plus d'Or affin de le rendre contemptible.
Iay extraict ce que dessus d'vn liure intitulé le miroir du monde.

Ces grans voyageurs se delectent de veoir plusieurs merueilles, estans là, disans nous en conterons aux gens de dela l'eau.

MARGVERITE.

En combien de partye est diuisee la terre?

CHARLES.

En six: dont i'en ay descrit cinq, à scauoir, l'Europe, l'Asye, l'Afrique, l'Amerique & le Peru, reste à parler de la Magellane laquelle est ainsi nommee, à cause de Magellan l'inuenteur. Ceste terre est situee soubz le cercle antartique, de laquelle on ne peut dire grandes choses, dautāt qu'elle n'est entierement descouuerte.

Nos antipodes peuuent estre en ces quartiers là, proche les isles des Grifons, & les Isles infortunees. Les Pilots qu'ont fait voile en ces quartiers-là, dient que leur mer est fort paisible, & l'air plus temperé qu'en ces quartiers.

MARGVERITE.

I'ay autrefois ouy parler des climatz de la terre & que les vns sont plus temperés que les autres, dautant que l'air y est plus gratieux, où sont ces climats?

CHARLES.

Ce mot de climat vient du mot Grec, *Clino*, qu'est à dire ie decline, par ce que quant ie vas, tirant de l'equateur au pol arctique, ie decline tousiours diceluy equateur: nous voyons en la figure suyuante la disposition des sept climats qui sont distingués les vns des autres par ces cercles que voyés dépeins en icelle figure: lesquels cercles ou parallés, tant plus ils approchēt le pol dautāt ils deuiennent courts & petits.

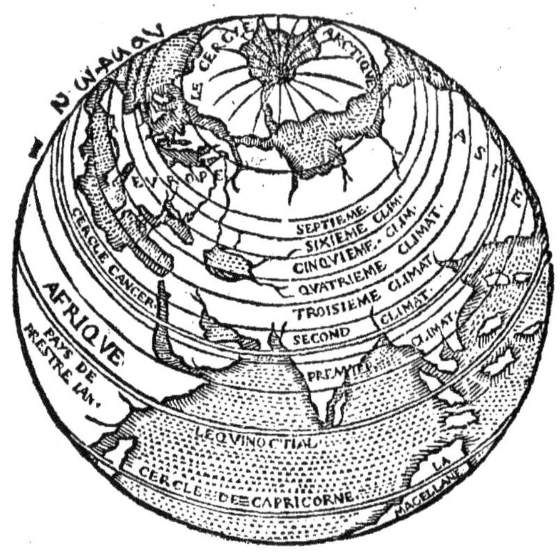

Le premier climat eſt par deça l'equateur ou equinoctial, tirant vers le tropique de Cancer, & quant le Soleil eſt au milieu d'iceluy climat, tirant au ſolſtice d'eſté, lors les habitans de ce premier climat ont treize heures de iour, & onze heures de nuict.

Le plus long iour du 2. climat ſurpaſſe le plus long iour du premier de demye heure.

Le troiſieme climat gaigne le 2. d'vne autre demye heure: & ainſi des autres climats, comme nous voyõs en la table ſuyuante, & faut noter qu'en yuer les iours declinent en chacun climat dautãt qu'ils augmẽtent en eſté. Ceſte table nous monſtre auſſi qu'elle eſt léleuation du pol ſur l'horiſon en chacun climat, choſe treſ-vtile & neceſſaire à ceux qui nauigent ſur la mer Oceane, principalment aux grandes nauigatiõs, comme nous dirons cy aprés.

	Le milieu des climats.	Les heures.	L'éleuation du pol.
	Par la basse Ethiopye deuant les climats	12. *& demye.*	8. *degrez & demy.*
1	*Par lisle Meroce en Afrique.*	13.	16.
2	*Par Siene Cité d'Egipte.*	13. *& demye.*	24.
3	*Par Alexandrie & le mont d'Atlas.*	14.	30. *& demy.*
4	*Par lisle de Rhodes & l'Espaigne.*	14. *& demye.*	36.
5	*Par Rome.*	15.	41.
6	*Par Boristene fleuue & Langres.*	15. *& demye.*	45.
7	*Par les mōs Riphees de Scithie. & Paris.*	16.	48.
	Par Saxe apres les climats.	17.	56. *& demy.*
	Par Hibernye, Moscouye & Ecosse.	19.	61. *degrés.*

Les climats sont situés entre la zone torride & le cercle arctique qu'est l'androit de la terre le plus temperé. Les Modernes font 14 climatz iusques au pol arctique.

Il faut noter que ceux qui sont soubz mesmes parallez, ou climatz, ont mesme eleuatiō de pol (exemple) Vn homme qui partira de Paris & tirera droict au leuant suyuant les longeurs & paralleles, cest à dire les lignes également distantes l'vne de l'autre qu'il remarquera dépeintes en la carte du monde, il trouuera que pendāt son voyage, il ne seloingnera iamais de l'equinoctial, ne changeant aussi d'esleuation du pol, qui luy apparoistra par tous les lieux qui passera de quarante huict degrés comme à Paris.

Les lignes courbes & droictes que nous remarquons es cartes du monde tirans de Midi au Septentrion, sont les cercles Meridiens, qui seruent aussi pour les longeurs, & par icelles remarquerés combien il y a de Paris à Boheme, Sarmatye, & autres lieux, estans entre les mesmes paralleles & climat de Paris.

MARGVERITE.

Lair doit estre fort doux & gratieux au quatrieme climat, dautant qu'il est situé au milieu des sept.

CHARLES.

Il n'en faut pas douter : on doit cōsiderer toutefois la situation des lieux, car si le pays est montueux & battu des vēts, lair y est beaucoup plus froid qu'en vn plain pays & sablonneux.

MARGVERITE.

L'inegalité des iours n'est pas grande en Afrique comme en Europe!

CHARLES.

Ils sont aussi plus pres de lequinoctial que nous : ie vous ay deja dit cy deuāt que tant plus on éloingne l'equinoctial, dautant on a les iours inegaux aux nuicts.

Le

Le nom de iour se prent en deux manieres: ou il est naturel, ou artificiel. Le iour naturel est le chemin que faict le Soleil chacũ iour à l'entour de la terre estant raui en 24. heures par le premier mobil du leuant au couchant. Le iour artificiel est le temps que le Soleil esclaire l'homme dessus son Emisphere, & s'appelle artificiel, dautant que c'est l'homme mesme qui se cause vn iour tel qui luy plaist, car s'il ne bouge de dessoubz l'equinoctial il aura les iours egaux aux nuictz en tout tẽps: s'il s'en esloigne il les aura inegaux.

Le iour naturel est politique & ciuile, ou Astronomique: ciuil quant pour la commodité d'vn pays on commãce le iour au Soleil leuãt, comme faisoient les anciens Romains, comme aussi les Grecs, les Perses & Babiloniẽs: dautres au Soleil couchãt comme les Iuifs: dautres content la premiere heure du iour à minuict, comme les Romains fõt à present. & nous aussi pour le regard des festes. Le iour Astronomique cõmance tousiours à midi: Les Astronomes ont suyui ceste façon de conter la premieere heure du iour à midi: dautant que les Meridiens sont certains & de mesme par tous les climats: & les androis où se leue & se couche le Soleil, sont differens par tout pays declinans de l'equinoctial.

Il y a aussi de trois sortes de leué selon les Poëtes: à scauoir le leué cosmique ou mondain: c'est quant l'estoille ou le signe se leue auec le Soleil, l'accompaignant le iour & la nuict.

Le leuer chronique, c'est à dire temporel, quant lestoille ou le signe se leue, & monte sur l'horison lors que le Soleil se couchẽ, se mussant soubz iceluy horison.

Le leuer heliaque, ou Solaire, est la saison que le signe & l'estoille commancè d'estre apperceu, estant delaissé du Soleil qui nous en ostoit de iour la veüe: On dit alors nous commançons à reuoir le roitelet ou cœur de Lion, & ainsi des autres estoilles fixes.

MARGVERITE.

Ie suis bien aise d'entendre la situation des sept climats, & ne prẽs moins de plaisir à la Geographye que iay pris cy deuant à l'Astronomye: ie suis infiniment merrye qu'vne tant belle science est non seulement mesprisee & vilipendee d'vn chacun, mais aussi on se mocque, blasmãt ceux qui veulent seulement en dire vn mot en passant.

CHARLES.

La malice des Astronomes, qui ont cy deuant tant obscuremẽt escrit, est cause de ce malheur: car le vulgaire blasme souuent vne science en laquelle il ne cognoit rien, estimant que cest vne simplesse de se rompre la teste à comprendre vne chose tres-difficile & quasi impossible d'entendre, que si on rendoit ceste science plus intelligible, chascun la loüroit infinimẽt.

MARGVERITE.

A la verité l'Astronomye n'est pas fort necessaire: vn qui n'i entend rien ne laisse d'estre honeste homme pour cela.

CHARLES.

Comment voulés vous qui cognoisse son Dieu, sinon par ses euures. Le psalmiste dit

Les cieux en chacun lieu,
La puissance de Dieu,
Racontent aux humains:
Ce grand entour espars,
Monstre de toutes pars
L'ouurage de ses mains.

Fermerons nous les yeux à tant de beaux merueilles?
Ouide au premier de sa metamorphose distingue l'homme de la beste disant.

Et neant-moins que tout autre animal
Iette tousiours son regard principal
Encontre bas, Dieu à l'homme a donné
La face haute, & luy a ordonné
De regarder l'excellence des cieux,
Et d'esleuer aux estoilles ses yeux.

Ie maintien que l'Astronomie est tres-necssaire pour l'entretenement du genre humain: car sans icelle on confondroit les saisons, & ne scauroit-on certainement à quel iour ni mois on viuroit: Nous voyons mesme pour le iourdhuy, que le laboureur commet plusieurs fautes en l'agriculture, semãt & coupãt trop tost les fruis de la terre, à cause qu'il cõte les festes cõme du passé, ne prenant garde aux dix iours qu'on a precõté, pour aduãcer les saisons de l'annee qu'estoiẽt mal à propos reculleées. Cicerõ, Pison, Lentule, Fabius & tãt de braues senateurs Romains, qui se delectoiẽt infiniment à Lagriculture, eussent aussi tost compris la cause & raison de l'augmentation des dix iours cy dessus, & n'eussent pour cela plus tost semé ou cultiué leur terre, laquelle se voyãt carressee de ces Seigneurs, braues Astronomes, les remuneroit aussi d'vne abondãce de bons & excellens fruicts. L'age d'or auoit des Iuges & Presidens, ausquels il fachoit fort de laisser la cherrüe pour aller en leur siege prononcer les arrestz, tant Lagriculture leur estoit aggreable, laquelle les nourrissoit, n'estans contrains viure de rapines : mais nous auons à present vn siecle de fer, la terre est aussi de mesme.

MARGVERITE.

Vous auez beaucoup de peine de loüer & faire valoir vostre Astronomye : ne sert elle qu'à cela? Lagriculture est vn pauure mestier, n'estant guieres de requise pour le iourdhuy.

CHARLES.

L'astronomye sert à tous estats, & forme le iugemẽt de l'homme, luy donnant vn grand contentement : Vous ne pouuez mesme sortir de nuict d'vn bois ayãt perdu le chemin, si ne remarqués quelque estoille qui vous monstre le Septentriõ : par le moyen de laquelle vous pouués vous recognoiſtre & reprendre le droit chemin. Ceſte ſciēce eſt du tout neceſſaire aux Pilots & Seigneurs qui deſirēt de nauiger ſur la mer Oceane, lors qui voguent aux terres neufues, ou autres pays lointains: car ſans la cognoiſſāce qu'ils ont du pol, de l'equinoctial, & cours des aſtres, ils ne peruiendroint iamais au port deſiré, & tōberoit en pluſieurs erreurs & accidens.

MARGVERITE.

Que ſignifie la figure ſuyuante où ie vois pluſieurs mots Italiēs diſpoſez en rayōs à l'ētour d'icelle figure?

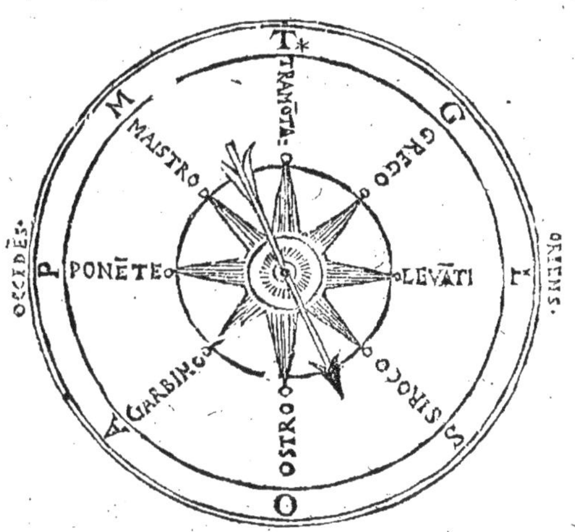

CHARLES.

On l'appelle la Bouſſole, laquelle peut ſuffire à ceux qui nauigent ſur la mer Mediterranee, & aux nauigations cōmunes & courtes: car l'antiere cognoiſſance de ceſte nauigation cōmune, cōſiſte ſeulement à guider le vaiſſeau ſuyuāt léguille de la bouſſole, laquelle eſt frottee d'aimāt, & de bien cognoiſtre tous les caps ou ports de mer, quelle distance il y a de l'vn à l'autre, quel route ou cours ils tiennēt, à quel rumb de la lune la maree y est pleine ou basse, le cours & descente de toutes eaux, auec la qualité, profondeur & territoire du fond d'icelles, qui se peut dscouurir à la sonde, & git ceste science en vne longue experience.

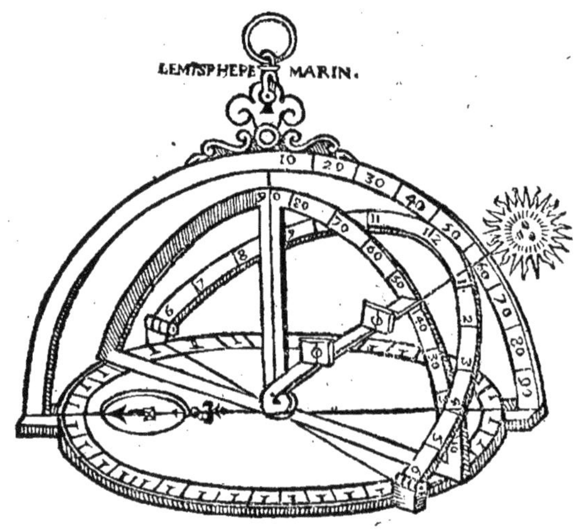

Mais aux grandes nauigations on se sert, outre les practiques susdictes, de plusieurs autres reigles fort ingenieuses, & instrumēs pris de l'Astronomye, cōme d'Astrolabes, Emispheres, & cartes marines.

La table suyuante nous monstre le nom des vents dont on vse sur la mer.

Italien.	François.	Italien.	François.
Tramontana.	*Nort.*	*Mezzodi ou Austro*	*Sud.*
Greigo.	*Nortest.*	*Garbino.*	*Sudoest.*
Leuanté.	*Est.*	*Ponenté.*	*Oest.*
Syrrocho.	*Sudest.*	*Maistro.*	*Nortoest.*

La tramontane est ainsi appellée à cause que ce vent vient du cousté de l'estoille de Nort, laquelle on voit estant en Italye, par dela les mōts des Alpes. Les autres vents ſont auſsi nommés du nom des regions do'ù ils viennent.

Léguille de la bouſſole eſt frottee d'aimant. l'Aimant eſt vne pierre qu'on trouue es mines de fer, laquelle a mil aſpectz, ayant ſes couſtés affectés plus à vn androit du ciel quà l'autre, de ſorte que poſant vn fer ſur vne table du couſté de Septentrion, & luy propoſant la partye ou angle d'icelle pierre affectée au Septentriõ, vous attirerez facilement iceluy fer: Si vous luy propoſes vn autre couſté d'icelle pierre d'aimant, iamais elle ne l'atirera: I'entens que le fert ſoit vn peu lourd & peſant ſelõ la pierre, d'aimant autrement elle l'atireroit de tous couſtés.

I'ay veu des Horologeurs bien empeſchez de trouuer le midi de ceſte pierre, en caſſant icelle par pluſieurs fois, à fin de trouuer vn angle affecté au droict midi, pour en frotter leſguille de leur quadrans. Elle pert ſa force & vertu ſi on ne la cõſerue dans des limailles de fer.

Les Phiſiciens ne donnent aucune raiſon de la nature de ceſte pierre & y perdent leur latin.

Vous voyés en la figure cy deſſus huict rumbs de vens principaux, qu'on appelle vens entiers: entre leſqués on en met encores huict qu'on appelle demy vens, & par ainſi on fait vne figure en laquelle on voit ſeize rumbs de vens: entre chacun deſqués on peut encores mettre vn vent qu'on appelle quart de vent, comme vous voyés en la figure ſuyuante.

On appelle demys vens, non pas qu'ils ayent moins de force que les principaux, mais à cause qu'ils sont situez entre les huict vents entiers. Oronce & plusieurs autres escriuent ces noms de vens, comme vous voyez en la figure suyuante. Les Nautonniers les prononcent quelque fois ainsi, quelque fois d'autre façon.

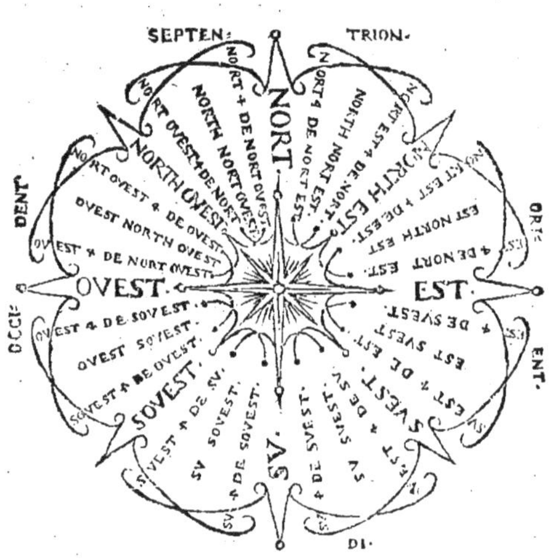

Il seroit trop long de vous monstrer la Theorye & pratique de ces instrumens & quadrans Marins: vous noterez seulemẽt qu'il est du tout impossible de faire voile, & traffiquer en lointains pays, sans auoir vn pilot entendu & versé en l'Astronomye, lequel encores qu'il perde à tout coup la terre de veüe, ne voyãt que le ciel & leau, peut meantmoins scauoir en quel lieu il est, en prenant la hauteur du pol, ou la distãce & declin de l'equinoctial, remarquãt en chascune saisõ les õbres du soleil, & des astres: bref l'Astronomye est tresnecessaire aux longues nauigations, par le moyen desquelles nous traffiquõs, eschangeans les marchãdises trop communes, & desquelles on ne tient cõte en ces pays, comme le Fer, la Toille, les Cuirs, le Verre, & autres semblables choses, & pour cōtréchāge nous auōs l'or, les épisseryes, & fruicts tres-excellans, drogues, le sucre que vous aymés tant, & autres sortes de marchandises tres-vtiles & necessaires en ces pays. La carte suyuante vous monstre comme le nocher vogant sur mer est contraint de trasser plusieurs chemins suyuant les vens qui le poussent.

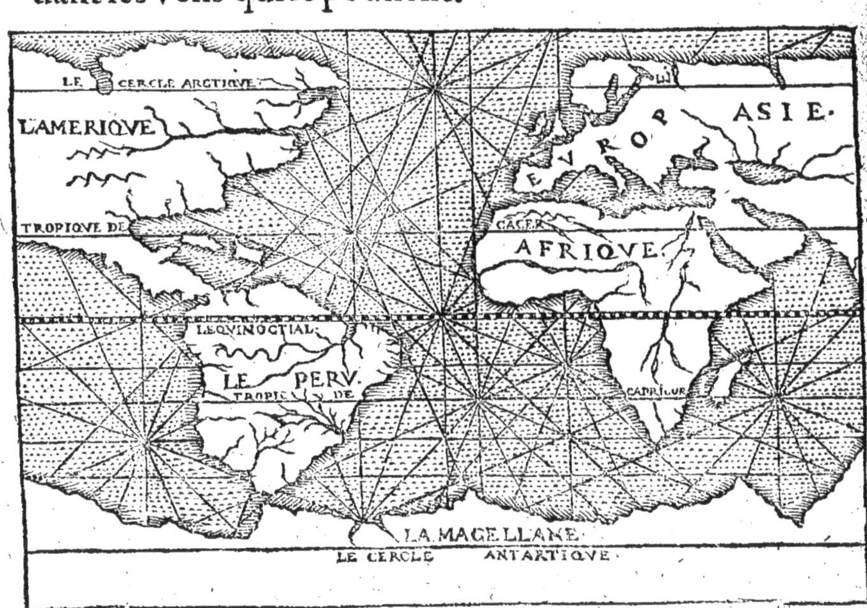

MARGVERITE.

Ie vois en la carte cy dessus plusieurs routes & voyes pour tirer ça & là, & me semble que la pluspart de ces lignes sont superflues.

CHARLES.

Si le Pilot trouuoit vn rumb de vent par lequel il fut conduit droit suyuant la route qu'il tient, il n'auroit

affaire

affaire que de mettre droict à iceluy la proüe de son nauire, suyuāt tousiours lesguille, mais à cause que les vents se changent à tout propos, il est cōtraint de nauiger par vn autre romb que celuy qui va droit à sa route, élisāt le plus droict qu'il peut, & faut qu'il tiēne bon registre du chemin qu'il fait par ce rumb oblique, à fin que tout biē calculé il puisse, lors que le vent luy est plus droit & commode, punctuer de nouueau & preuoir à sa route: ces nouueaux chāgemens de poins & de lieux font que la carte marine est quelquefois tant bigarree de ces lines trauersieres.

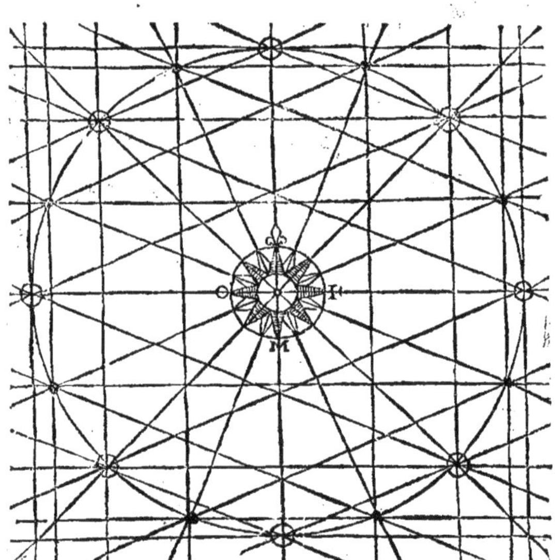

La figure cy dessus nous monstre comme il faut dresser la carte marine.

Quant le pilot vient à punctuer de nouueau, il faut qu'il aduise qu'elle estoit l'eleuation du pol au lieu duquel il est parti, & la hauteur du lieu où il est. Il doit partant du port bien remarquer les vens qui le conduisent, le flus de la mer qui luy ayde beaucoup, & tenir bon registre du chemin qu'il aura fait: car quant l'eleuation du pol n'est [illegible] changée, cõme lors qu'il voyage du couchant au leuant il luy est difficile d[illegible] combien de chemin il a fait, sinon par coniecture, & faut qu'il ayt lors recours à iceluy registre, & doit sçauoir que le plus qu'il peut courir en vne heure c'est 4. lieües: & d'en courir deux c'est raisõnablemẽt, cõme aussi vne lieüe seulemẽt. Le grand danger de la mer ne consiste principalment qu'à l'ignorance du pilot, & aux rencõtres des Pirates qui à grãds coups d'artilleryes mettẽt les vaisseaux en fõd.

MARGVERITE.

Doù Vient le flus & reflus de la mer, lequel se fait de 12. heures en 12. heures?

CHARLES.

La mer suit du tout le cours de la lune, & de mesme que voyons l'ambre attirer la paille, & laymant le fer, ainsi le corps lunaire qu'est vn astre fort humide ayant grande dominatiõ sur les eaux, attire la maree, causant le flus & reflus de la mer: car toutefois & quãtes que la lune cõmance à monter sur nostre horison, estant rauye du mouuemẽt de 24. heures par le premier mobil, elle augmente la maree, que nous appellons le flus, iusques à ce qu'icelle lune est peruenüe à la line de midy, & lors qu'elle recõmance à redescendre, se rendãt au couchant, elle diminüe la maree, & se fait le reflus, & lors qu'icelle lune remõte par soubz terre, du couchãt à la line de minuict nous auõs le flus, mais il n'est pas si grand que lors que la lune est sur nostre horison & qu'elle bat directement la mer estant du cousté de nostre emisphere, & lors qu'icelle lune redescent de minuict à nostre leuãt nous auons le reflus: & apperceuons qu'à mesure que la lune a de iours, la maree ou le flus est plus tardif: exẽple, nous auõs auiourdhuy nouuelle lune à six heures du matin, la maree viendra à six heures: puis demain nous l'aurõs quatre quintes d'heures plus tard: le 3e. iour nous laurõs à sept heures trois quintes : le quatriéme iour de la lune nous aurõs la maree à huict heures deux quintes: & ainsi à mesure que la lune abandonne le Soleil, les heures du flus ou maree se changent : car le flus de la mer obeit à la lune & non pas au Soleil.

Il faut entendre que le flus & reflus est maintenu par le cours de la lune, qu'est le premier motif causant le flus, mais le contrepois & cheute des eaux de la mer estans esbranlees fait le reflus: car depuis que la lune passe la line de midi, qu'est le milieu & plus haut lieu de nostre Emisphere, lors elle relache leau de la mer qu'elle auoit attiree auec elle montant à icelle line de midi: laquelle eau gaignant le bas & retournãt au lieu doù on lauoit attiree, cause le reflus: La mer estant ainsi esbranlee fait le flus mesme plus gros qu'il ne seroit s'il ny auoit que le motif de la lune: quant la lune est en son aux lors le flus est moindre que quant elle est au point contraire.

Quelque fois la mer croit plus haute par tout, comme en pleine lune, & lune nouuelle: car en lune nouuelle le Soleil est empesché du corps de la lune, ne pouuant rendre l'air subtil, comme aussi la lune n'a sa lumiere du cousté de la terre pour subtiliser l'air, cest pour quoy iceluy air est rendu espés se couertissant en eaux lesquelles renflẽt la mer: en pleine lune n'i l'vne n'i l'autre lumiere n'est empeschée: cest pourquoy l'air est subtil & leau de la mer aussi, laquelle à cause de sa subtilité s'enfle & augmente de toutes pars.

La mer a encores vn autre mouuement, courant de Septentrion à Midi: la raison de ce flus est qu'icelle mer est tousiours plus haute du cousté de nostre Septentriõ dautant qu'il s'engendre plus deau en ces quartiers, à cause du froid que la mer ne pourroit contenir en lespace & distance de la hauteur de ses riues & bourdages: par ainsi vne partye de leau Septentrionale pousse l'autre vers le cousté le plus bas, à sçauoir en la mer Meridionale: Leau de laquelle est aussi continuelmẽt espuisee & diminuee par l'ardeur du Soleil qui bat icelle mer de ses drois rayõs conuertissant icelle eau en vapeurs, lesquelles retournans à nostre Septentrion sont de rechef conuerties en eau.

Proche la mer on sayde pour les moulins du flus & reflus qui se fait deux fois en 24. heures: car leau en venant fait moudre les moulins par le moyen d'vne grande fosse ou canal qui se fait proche le riuage de la mer, lequel canal recoit leau qui vient par vn conduit qui fait moudre les moulins: & au reflus leau enfermee dans le dict canal, resortant fait moudre aussi iceux moulins tout à rebours, & voyons les roües changer leur cours de six heures en six heures.

MARGVERITE.

Comme pourrayie cognoistre le quantiéme iour de la lune nous auons auiourdhuy?

CHARLES.

Il vous sera facile sachāt l'epacte: cest à dire les onze iours que precontons pour égaller le cours de la lune à celuy du Soleil. Il vous faut scauoir que nous auons ceste annee 1592. pour epacte 16. adioustant 11. à ce nombre, l'annee qui vient 1593. nous aurons pour epacte 27. auquel nombre de 27. il faudra adiouster 11. en l'annee 1594. & uous trouuerez 38. Or dautant que lepacte ne passe iamais le nombre de trente nous osterons trente, & retiendrons le surplus qu'est le nombre de huict, qui sera l'epacte en ladicte annee 1594. & l'an 1595. nous adiousterons encores onze à ce nombre de huict, & nous trouuerons 19. qui sera l'epacte pour l'annee 1595: & ainsi des annees suyuātes, en adioustāt tousiours onze à l'epacte de l'annee precedēte. Quant nous scaurons l'epacte il nous faut puis apres conter les mois qui sōt passés depuis le mois de Mars iusques à present, & encores les iours du mois où nous sōmes, puis assembler ces trois nombres ensemble: que s'ils passent trente le surplus sont les iours de la lune: & si le nōbre ne vient à trente, ce nōbre est aussi celuy des iours qu'a la lune.

MARGVERITE.

Ie verray à ceste heure si ie trouueray par l'epacte cōbien la lune a de iours. Premieremēt nous contons ceste annee 1592. pour epacte 16. & auōs auiourdhuy le 10. de May, 16. & 10. ce sont 26, auquel nombre faut adiofter 3. pour les 3. mois paſſés, depuis Mars iuſques en May, & trouue que ces trois nõbres aſſemblés ſont 29. nous auons donc auiourdhuy le 29e. de la lune.

CHARLES.

Nous aurons demain l'onzieſme de ce mois, auquel nombre ſi i'adiouſte 16. pour l'epacte ie trouueray 27. y adiouſtant auſſi le nõbre de trois pour les trois mois paſſez, depuis Mars iuſques en May, ces trois nombres aſſemblés feront trente, ie puis donc dire que ceſt le dernier iour de la lune, ceſt à dire qu'elle eſt en cõionction auec le Soleil.

Pour ſcauoir le quantiéme de la lune, nous aurons le 15e. de ce mois, il faut adiouſter à ce nombre de 15. l'epacte de ceſte annee qu'eſt 16, 15. & 16. ſont 31. y adiouſtant encores 3. pour les trois mois paſſez, depuis Mars iuſques en May nous trouuerons 34. il faut oſter 30. & retenir le ſurplus, par ainſi nous pourrons dire que la lune aura quatre iours.

MARGVERITE.

Comment pourray-ie ſcauoir combien de iours a chaſcun mois, à fin que ie ne m'abuſe à conter, dautãt que les vns ont trente iours, & les autres trente & vn?

CHARLES.

Pour le ſcauoir il vous faut apprendre les carmes ſuyuans, pris du Compoſt de Monſieur T. A.

Pour les iours des mois
Compter ſur les dois,
Aſſoir il les fault,
Hault bas hault bas hault.

Puis vous diſpoſerez voſtre main ſuyuãt iceux carmes de meſme que voyez en la figure ſuyuante.

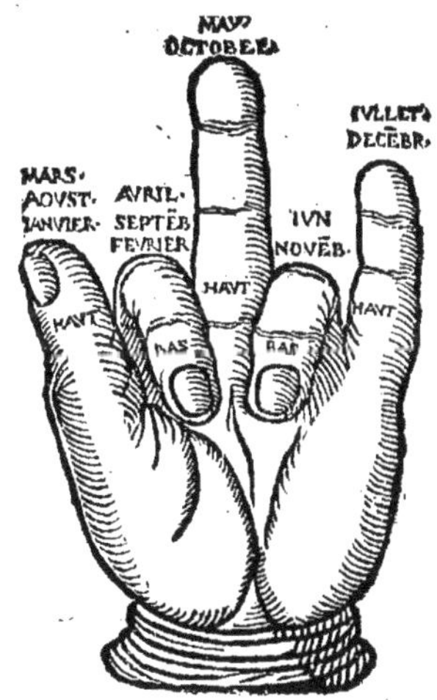

Et vous faut noter que les mois qui ſont poſés ſur les doigs eſtẽdus ont 31. iours, ceux qui ſont ſur les doigs pliés 30. Feurier eſt ſeul qui n'a ordinairement que 28. iours : quant nous auons Biſexte il en a 29.

MARGVERITE.

Vous commancés à conter les mois en Mars, dautãt qu'en ce temps là le Soleil cõmance à entrer en l'equinoxe vernal, & lors toutes choſes ſe renouuellent. Mars donc a 31. iours : dautãt qu'il eſt poſé ſur le poulce qu'eſt eſtendu : Auril n'en a que trente, à cauſe qu'il eſt ſur vn doigt plyé : May a 31. iour, il eſt auſſi ſur vn doigt eſtẽdu : Iun qu'eſt ſur vn doigt plié n'en a que 30. Iullet & Aouſt ont 31. iours, ils ſont auſſi ſur les doigs eſtendus. Septembre n'en a que 30. Octobre 31. Nouẽbre 30. Decembre & Ianuier ſont poſez ſur les doigs eſtendus, ils ont donc 31. iour chaſcũ. Quant à Feurier il faut ſe ſouuenir qu'il n'a que 28. iours, ſinon quant nous auons Biſexte, comme en ceſte annee 1592. qu'il a 29. iours. I'entens maintenãt la maniere pour ſcauoir combien le mois à de iours : reuenõs à noſtre diſcours de la mer Oceane: nous auons cy deuant parlé du flus & reflus, ie deſire maintenant ſcauoir pourquoy leau d'icelle mer eſt amere & ſalee.

CHARLES.

Dieu la ainſi ordõné, à fin qu'elle fut plus forte pour porter les gros fardeaux qu'elle porte : car ſi elle n'eſtoit ſalee elle ne ſeroit ſi ſolide qu'elle eſt, & ſe trouueroit plus dangereuſe aux tormentes & tempeſtes à cauſe de leau qu'en ſeroit plus legere.

(Exemple) *prenés vn euf frais & le mettés ſur leau douce il yra au fond incontinãt, mettez le ſur de leau où il y ayt force ſel fõdu, leuf nagera par deſſus leau ſalee.*

MARGVERITE.

Ie ne demande pas loccaſion pourquoy la mer eſt ſalee, mais ie demande la raiſon de ceſte amertume: dautant que les fleuues & riuieres dont l'eau de la mer eſt compoſee, ſont eaux douces & non ſalees.

CHARLES.

Ceſte amertume prouient des exalations bruſlantes prouenãtes du fond de la mer, & du ventre de la terre: leſquelles exalatiõs bruſlantes eſtans meſlees auec les vapeurs qui ſ'engendrent auſſi dans la mer, & par conſequẽt auec leau d'icelle mer, font comme vne ſueur amere rendant l'eau ſalee: car tous corps ſecs & bruſlans qui ſont meſlés auec l'humidité engendrent vne amertume: nous voyons les cendres rendre les eaux ſalees & ameres quelques douces qu'elles ſoient.

Ioinct que la mer est vn grand vaisseau auquel les eaux sexalent infiniment estas conuertyes en vapeurs & attirées par la vertu du Soleil & des astres : mesme à l'androict de la zone torride, comme nous auõs deja dit. Or la vapeur est le plus doux & subtil de leau, ce que demeure est le plus terrestre & amer, rendant leau crasse & visqueuse, laquelle eau estant long temps retenue sur la terre prent le goust d'icelle & deuient salee, par le moyen des sueurs & exalations de la terre, comme dit est.

Maistre Bernand Palissy en son discours admirable des eeux, dit que la mer est sallee à cause que les flots frappent violemment les terres salees & rochers de sel qui sont en la mer, n'estant leau dicelle par tout d'vn mesme goust. Iceluy Palissy traicte ausi bien amplemẽt des marestz de broüages qui fournissent de sel la France & pays circonuoisins : & dautant que ce discours m'a semblé aggreable i'en diray vn mot en passant.

Pour faire des marez il faut premierement trouuer vn androit auquel le riuage de la mer soit plus haut que le lieu où nous desirõs faire les marés, & qu'icelle mer ayt vn grand canal qui s'auãce du cousté desdictz marestz : au bout duquel canal naturel il y faut encores faire vn autre canal artificiel à force d'hommes, lequel canal on fermera deça & delà, à fin de cõduire les nauires chergees de sel iusques en la mer: puis il faudra creuser vne fosse comme vn petit estang qu'on nomme le Iard, seruant pour reseruer & contenir leau prouenant du canal à fin de fournir pour vn mois lesdictz marez, d'autant qu'on ne tire leau de la mer qu'vne fois le mois : à sçauoir quant la lune est en son plein, car pour lors la mer est la plus haute, & ne peut on admettre icelle eau au Iard qu'en pleine lune.

Iceluy Iard reçoit leau par deux bondes, qui sont au susdit canal, puis apres se vat rẽdre aux entablemens, cest a dire de petis reseruoirs où leau salee se prepare pour l'enuoyer puis apres aux aires & la faire cremer. Les aires sont de petiz quarrés bastis d'argille ayans enuiron vn pied de hauteur, dans lesqués leau salee se desciche & congele en sel par l'ardeur du Soleil.

Il ny a que 3. ou 4. mois l'annee qu'on puisse faire du sel : on commance au mois de May a espuiser leau des marez qui y à cuué pendant l'iuer: & faict on du sel iusques en mi Septembre.

S'il fait vne forte pluye lors qu'õ faict le sel on est quinze iours à vuider les marés: car il faut vuider & leau salee & celle de la pluye, telment que si pleuuoit tous les quinze iours vne fois, on ne feroit iamais sel aux rayons du Soleil. Il faut donc que le pays soit chaud, ayant l'air fort cler & serain, & faut ausi que le fond des marestz soit de terre d'argile.

Il y a plusieurs marez particuliers : les plus proches de la mer sont les plus estimés: dautãt que ceux qui sont plus éloingnés ne font quelquefois rien, faute que la mer ne

peut

peut remõter iusques à iceux, & s'il est malaisé de trãsporter le sel qu'on fait en iceux marestz, ainsi esloingnés, iusques au canal où sont les vaisseaux.
Le sel de Broüage est le meilleur: celuy de Portugal est trop corrosif.
Le sel blanc qui se fait en des chaudieres n'est bastant pour fournir vn grand pays, & s'il y a grande peine à le cuire, comme vous le pourrez veoir à Rosieres en Lorraine, & à Salins au conté de Bourgongne.
Le sel des marés ne laisse d'estre aussi blanc que l'autre, pourueu qu'on mette à part celuy qu'on leue au dessus des aires, car le sel qu'est au fond & touchant l'argille prẽd la mesme couleur que la terre.

MARGVERITE.

Les Nautonniers ne peuuent boire de leau de la mer pendant leur voyage?

CHARLES.

Ils emportẽt des eaux douces en leur nauires, & s'ils trouuent quelquefois és isles qui sont en mer, des puis & fontaines deaux douces, lesquelles encores qu'elles prouiennẽt d'icelle mer, si est ce qu'elles sõt purifiées, ayans penetré neuf ou dix piés de terre.

Pierre Mesie donne vne inuention pour rendre leau salee fort douce: cest d'auoir vn vaisseau ayant l'ouuerture estoupee d'vne toille de soye bien ciree, & par ce moyẽ il n'y passera que le plus subtil de leau.

MARGVERITE.

Les pauures gens qui voguent sur mer ont souuent de grandes necessités.

CHARLES.

Ils en ont tant qu'ils veullent: car il ne tient qu'en eux qu'ils ne fournissent leur vaisseau de prouisions suffisantes pour le voyage qu'ils entreprennent, preuoyans les accidens qui leur peuuent suruenir.

MARGVERITE.

Ceux qui font voile iusques es terres neufues, sont trop curieux de voir du pays: ou bien il sont gens determinés, aymant mieux mourir tout d'vn coup, si le malheur en dit, que de viure en lãgueur sur terre, estãs chascũ iour caressés de dix ou douze sergens, blasmés & delaissés d'vn chacun : car lesperãce qu'ils ont d'vn heureux retour, qui leur apportera & richesse & contentement, fait qu'ils n'apprehendent les necessitez & dãgers ausquez ils s'exposent : Mais est il possible qu'ils mangent quelquefois les Singes ou Parroquetz qu'ils raportent des terres neufues faute de viure?

CHARLES.

Si ne le voulés croire prenez le bastõ & faite le tour. Ie vous diray quant les Pilots sont scauans, prouides, & de bonne cõduite, ils ne tombent guieres aux accidens qui suruiennent à ceux qui n'ont bien preueu leur voyage : & pourra le bon Pilot se preseruer d'vn danger où vn autre demeurera.

MARGVERITE.

N'ont ils pas sur mer quelque presages pour preuoir le beau temps & les tempestes?

CHARLES.

Ouy : car si le tẽps est rouge le soir, blãc le matin, cest beau tẽps pour le pelerin : & tout au contraire, rouge matin & noir le soir, la pluye biẽ tost nous fera veoir.

Si le Soleil est beau & net sans estre rouge ou pale à son leué, & qu'il ne soit enuironné de nuees il signifie le beau temps.

Que s'il est pale, rouge, iaune ou creux, & qu'il apparoisse plus matin que de coustume, il signifie la pluye: comme aussi quant le ciel est pommelé & iauelé. Si les rayons du Soleil apparoissent premier qu'iceluy ils signifient vents & pluye.

Si au coucher du Soleil ſon circuit ſe monſtre blanc, ſignifie tempeſte ſur mer : & ſ'il fait chaud il ventera.

Si quelque nuee enuironne le Soleil, & qu'il obſcurciſſe ſa clairté, ſignifie tempeſte : ſi icelle nuee appa-roit double, tant plus grande ſera la tormente.

Enſeignemens pour la lune.

Si la lune nouuelle ſe leue ayãt ſa corne deſſus cõme noire à l'entour, il pleuura au dernier quartier : & ſ'il la corne d'embas eſt auſſi noire il pleuura auant pleine lune.

Si au quatrieme iour de la lune elle eſt belle & claire ceſt ſigne de beautemps, ſi elle eſt rouge elle ſignifie les vens : ſi elle eſt noire ſignifie la pluye : & la rougeur de la lune au ſixieme iour ſignifie tempeſte.

Si le croiſſant tire cõtremont, il ſignifie grãds vens, tãt plus grãd ſ'il aduient au quatrieme iour de la lune, excepté quãt on voit à l'entour vn cercle bien net.

Si la lune a vn cercle autour d'elle, elle ſignifie la pluye : quãt elle eſt en ſon plein elle demonſtre le vent de la partye où elle ſera plus reſplendiſſante.

Le chant des grenouilles, les aigres morſures des puces, les chats ſe frottans la teſte, les bondiſſemens d'oreilles, & les petis charbons qui ſe forment à l'entour des chandelles & lampes ſignifient la pluye : cõme font auſſi les vents de midi & du couchant.

MARGVERITE.

Vous me parlés de la mer & des grãds voyages qui ſi font comme ſi ie vouloye faire voille aux Indes : parlons plutoſt des fontaines & riuieres qui nous dõnent tant de plaiſirs, ſans leſquelles voſtre grād mer Oceane demeureroit ſterille & ſans eau.

CHARLES.

Les fontaines, qui cauſent les grandes riuieres, viennent ordinairement des montaignes : les groſſes fontaines procedent des lieux montueux, la petite coline ne peut rendre vne fontaine abondante : leau ſengendre en la concauité de la montaigne, à cauſe que l'air qu'eſt ſubtil & humide, penetre iuſques au dedans d'icelle, rempliſſant mil petis pertuis auſqués iceluy air eſt retenu quelque temps iuſques à ce qu'il deuient groſſier & épes : car l'interieur d'icelle montaigne, lequel eſt touſiours humide & aquatique, refroidit l'air & le conuertit en petites gouttes, leſquelles diſtillans du long de la concauité & parois interieures de la montaigne ſe rendent en fin au bas d'icelle : & de pluſieurs gouttes ſe font les petis ruſſeaux, leſqués ſe rencontrans font vne fontaine. Que ſi la montaigne n'a point d'ouuerture pour dōner ſource à leau, icelle eau paſſe outre ſe rendant en vne autre montaigne, en laquelle elle trouue auſſi pluſieurs eaux, de ſorte qu'on voit quelque fois vne fontaine faire moudre vn moulin à dix ou douze pas de ſa ſource. Dautres dient que l'air exterieur n'engendre point d'eau es montaignes, mais tout au contraire qu'il diſſipe l'humidité eſtāt en icelles : & que leau eſt engendree aux montaignes des vapeurs de la terre, leſquelles mōtans en haut par pluſieurs petiz conduis qui ſeruent cōme de boyaux à la terre, & rencontrans icelles vapeurs les concauités &

parois de la montaigne, lesquelles sont humides & froides, icelles vapeurs se cõuertissent en eau : de mesme que voyons quelquefois les brouillars engendrer plusieurs gouttes distillantes à la vallee des verrieres.

Ceux qui tiennent ceste derniere opinion ont vne raison pregnãte : cest qu'on voit les fontaines sortans des montaignes creuasses, & ayãs plusieurs ouuertures, se tarir pendant la seicheresse, dautãt que n'estãs abreuees des pluyes qui leur causẽt vne partye de leau, l'air exterieur estant pour lors subtil & sec penetre les parois de la mõtaigne, entrant en la concauité d'icelle par mil petis pertuis & deseiche les vapeurs lesquelles s'exalent aussi par iceux pertuis & creuasses.

Que si la mõtaigne a les parois pierreuses fortes & solides, & qu'elle n'admette facilment l'air exterieur, la fontaine prouenant d'icelle montaigne sera abondante en esté comme en yuer: ils concluent par là que leau ne peut estre engendree aux montaignes par l'air exterieur, mais plustost des vapeurs de la terre, lesquelles ne pouuãs penetrer les parois pierreuses d'icelle mõtaigne sont là arrestees & cõuerties en eau, & aussi tost d'autres vapeurs succedent en leur lieu & place rẽplissans tousiours la concauité de la montaigne : cõme nous voyons l'alambic qui n'est iamais sans vapeurs tant que la matiere y dure.

On voit de mesme lors qui gele bien fort, les exalatiõs de la terre lesquelles ne pouuans passer par leur voye ordinaire, à cause de la dureté d'icelle terre gelee, estans cõtraintes icelles vapeurs de sourtir cõme elle peuuẽt & s'euaporer par les puis & souspiraux des caues: nous voyons qu'à leur sortye elles se cõuertissent en eau & bruines.

Maistre Bernard Palissy, cy deuant Gouuerneur des Tulleryes à Paris, se mocque des opinions cy dessus, en son discours admirable de la nature des eaux &c. & maintient que les eaux des fontaines prouiennent principalment des pluyes, penetrans les montaignes iusques à la concauité d'icelles: & dit iceluy palissy qu'on ne doit trouuer estrãge si en tẽps de seicheresse leau de pluye peut encores fournir aux sources des fontaines : dautant qu'icelle pluye ne penetre du premier coup les montaignes qui sont pierreuses, mais demeure quatre & cinq mois à distiller goutte à goutte, par ainsi ne peut manquer aux sources d'icelles fontaines.

Il enseigne aussi en son liure les moyens de faire vne fontaine naturelle en vn lieu où il ny en eut iamais, par le moyen d'vne petite coline qu'on construit, à force d'hõmes, à l'androit où lon veut faire icelle fontaine. I'ay veu en ceste ville de Langres proche l'hostel que fit bastir Monsieur Valtier Sieur de choiseul, vn gros amas de getun & menues roches tirees des fondemens d'icelle maison, lesquelles ainsi amassees sembloient vne petite mõtaigne, laquelle getoit leau, ayant source comme vne fon-

taine l'espace de trois semaines durant, & s'il pleuuoit rarement pour lors, il est vray que les pluyes auoient esté grandes au parauant.

On voit quelquefois des fontaines au sommet d'vne mōtaigne : cela aduient quāt il y a vne autre montaigne voisine, laquelle est plus haute : car leau tombant d'icelle montaigne par des canaux pierreux, disposéz en forme de pompes, peut par iceux canaux remonter iusques au dessus d'icelle petite montaigne voisine.

MARGVERITE.

Pourquoy voit on les fontaines fresches en esté, & chaudes en yuer?

CHARLES.

A cause qu'en esté la grāde chaleur maistrise le froid le contraingnant se retirer dans les mōtaignes & lieux subterrains, mais pendant l'hiuer le froid en à bien sa reuanche, chassant le chaud es caues & cōcauités des montaignes, où l'eau estant prent les mesmes qualités du lieu auquel elle est contenue : nous voyōs mesmement que si leau distillant en la fontaine a passé par quelque mines d'erain, ou quelque autre terre pleine de mineraux corrosifz & venimeux, telle eau en retiēt le goust & qualités estant dangereuse à boire : il est vray que la grande quantité d'eau fait que le venin n'est en si grande vigeur.

MARGVERITE.

Mon pere disoit vn iour qu'estant aux bains de Borbonne, proche ceste ville, il plongea le bout du doigt dans leau diceux, ioingnant la source, & que telle eau est infiniment chaude & suffisante pour cuire vn euf, de sorte qu'on est contraint mesler de leau froide parmy, à fin d'attiedir les bains, doù vient cela?

CHARLES.

Telles eaux viennent des grosses montaignes, dans

lesquelles y a des exalations ou venes sulfurees qui senflambent tantost cy, tantost là : aupres desquelles les eaux passans retiennent la qualité du feu & sen tēt quelquefois le soufre extrémement, de sorte qu'on n'en peut boire.

Il y a des bains qui ne sont du tout si boullans & desqués on peut boire à cause qu'ils passent quelque sable proche leur source qui leur oste ce mauuais gout : On voit aussi des sources chaudes quant leau vient de loing, tombant & retombant obliquement dvn rocher en autre : & n'i a paint de doute que le mouuement ne l'echauffe beaucoup, mesmemēt quāt icelle eau passe par des terres où il y a des mineraux, mais la chaleur n'est pas bastante pour brusler cōme des bains cy dessus.

Les montaignes bruslantes sont entretenues par le soufre estant en icelles : & les gouffres de mer fournissent tousiours matiere pour entretenir ce soufre ardent.

MARGVERITE.

Vous ferés tantost autant de façons en terre cōme en l'air : vous y logés des broüillars, des pluyes & des feux, ne reste plus que d'y establir des vens : & nous aurons autant de remumens en terre comme en l'air.

CHARLES.

Il y a aussi des vens en terre qui engēdrēt quelquefois vn tonnaire, causant le tremblement d'icelle terre.

MARGVERITE.

Doù vient ce tremblement de terre?

CHARLES.

Il aduient lors que les exalations & vapeurs grossieres estans recluses au vētre de la terre, ne peuuent sortir hors à cause qu'icelle terre est trop dure & reserree: car telles exalatiõs se fortifient de plus en plus, estans cõprimees par d'autres qui remontent continuellement, de sorte qu'icelles exalatiõs ne trouuans point d'issue se compriment en telle sorte, donnans tantost d'vn costé, tantost d'vn autre, qu'en fin elles rompent la terre auec vn bruit cõme vn tonnerre bouluersans quelquefois les villes & chasteaux.

Il y a de deux sortes de tremblemens de terre: la premiere est causee quant les vapeurs cõtenues en la terre se dilatent souleuans doucement icelle terre sans rien bouluerser, qu'est proprement le tremblement de terre: l'autre quant l'exalation ou vapeur pousse en vn androit seul bouluersant les montaignes: lequel tremblement on appelle pouls de terre, dautant qu'il pousse & enleue les montaignes, les culbutãt quelquefois & causant de grandes abismes: de sorte qu'aduenant vn tel desordre proche la riuiere vous verrés tout soudain la terre engloutir l'eau: que si l'exalation pousse iustement à l'androit d'icelle riuiere, sans bouluerser le fond, on voit leau se desborder estrangemẽt deça & delà des riuages. On voit aussi quelquefois des montaignes s'enfonser en terre & à l'androit mesme on y voit vn lac ou bien vne abisme dõt sortent plusieurs feux & fumee. Si les vens sortans de la terre sont venimeux ils engendrent la peste.

Le pouls de terre emporte quelquefois vne maison, seule quelquefois vne ville, quelquefois vn pays, celon que la matiere est copieuse.

L'exalation ou vapeur creue le ventre de la terre, de mesme que fait la vapeur contenue en vn euf ou dans vne pomme, laquelle s'entant le feu estend sa peau tāt qu'elle peut : mais en fin se creue à cause qu'elle ne peut contenir les vapeurs & l'air copieux qu'engendre le feu en icelle, dont nous voyons sortir vn vent impetueux.

Le tremblement s'apperçoit plus souuent de nuict que de iour à cause que la froidure augmentāt la nuict, reserre les cōduis de la terre, rendant l'air espes en iceux, de sorte qu'il ne peut sortir librement, & empesche aussi les vapeurs suyuantes de prendre air & sortir hors la terre, ce qu'augmente le tremblement.

Le tremblement ne dure presque rien : il est vray qués lieux montueux il dure quelquefois vn iour ou deux : on le voit durer six sepmaines & demy an, mais raremēt sinon aux lieux cauerneux, horribles & espouuentables ausquez le tremblement est perpetuel, mesmement quant il y a des vens impetueux qui ne cessent de dōner dans ladicte concauité.

MARGVERITE.

Ie pensoye que la terre fut massiue, & qu'il ne si fit aucuns remumens, mais ie vois qu'elle est tousiours en action.

CHARLES.

Tout ainsi que voyez icelle terre fructifier par dehors, ainsi fait elle en son interieur : car elle engendre continuelment des pierres & mineraux de plusieurs sortes.

MARGVERITE.

Dictes moy ie vous prye comme s'engendrēt les pierreryes que iayme tant?

CHARLES.

Quant ie parle des pierres, ie n'entens pas ces minardises qu'enchassés en vos anneaux & quarquans, i'entens de bonnes grosses pierres à bastir : mais puisque desirés sçauoir comme s'engendrent les pierreryes, ie vous renuoye au discours admirable de M. Bernard Palissy Gouuerneur des tuilleryes de Paris, lequel ne fait qu'vn article de la generation de toutes sortes de pierres & mineraux, disant que l'eau cōgelatiue forme tout ſuyuant le terroy & ſubiect qu'elle rencontre : & qu'il ni a aucune partye en la terre qui ne ſoit remplye de quelque eſpece de ſel, petrefiant ou metaliſant les matieres qu'il rencontre, ſuyuant la qualité & diſpoſition d'icelles.

Les pierres ne peuuent croiſtre par action vegetatiue : ceſt à dire ne peuuent s'engroſsir par le moyē de quelque nourriture qu'elles tirēt de la terre, car elles n'ont point d'ames, mais elles croiſſent par augmentation congelatiue : cōme vne chandelle peut croiſtre par le moyē d'vne greſſe qu'on y adiouſtera, les pierres croiſſent de meſme par quelque cheutte de pluye qui paſſant par la terre deſtrampe & coule auec ſoy quelque ſel & matiere pierreuſe qui deſcend touſiours iuſques à ce qu'elle eſt retenue par quelque roche ou matiere dure, & lors leau petrefiante congele & endurcit la terre voiſine, & augmente dautant les roches qui la retiennent. On peut aller bien auāt auec des flambeaux dans les carrieres & veoir leau pierreuſe, qu'eſt auſsi claire que leau commune, laquelle ſe congele toutefois en noſtre preſence : & voyons de meſme es groſſes tours de ceſte ville de Langres, dans la concauité deſquelles leau diſtille perpetuelment, laquelle engendre de grans baſtons pierreux pendans au deſſus des vottes comme glaſſons : & ſi voyons icelle eau tombant à terre ſe congeler deuenant pierre dure comme cailloux.

MARGVERITE.

Le criſtal & diament tant cler & luiſant no'nt rien de terreſtre en ſoy, tout y eſt tranſparent.

CHARLES.

Telles pierres ſe congelent en quelque eau nette & claire : i'ay veu vn criſtal fort clair à la pointe de deſſus, lequel eſtoit trouble & obſcur au deſſoubz : cela prouient de leau qui fut troublee au fond, par quelque petite beſte ou quelque pierre qui tomba de haut pēdant la congelation de ce criſtal. On voit auſſi par ſingularité quelques criſtals leſqués contiennent en ſoy de leau exalatiue & commune, par deſſus laquelle eau on voit quelquefois flotter vne petite macule noire :

cela aduient quant leau congelatiue embrasse, pendãt la congelation du cristal, l'eau exalatiue.

On voit de mesme en vn glasson quant leau n'est encores du tout gelee par dedans: mais la congelatiõ n'est pas semblable, car le glasson n'est composé que d'eau cõmune, & exalatiue qui se peut fondre aussi tost.

On ne peut auant la congelation discerner leau congelatiue ou generatiue de leau cõmune ou exalatiue, non plus que leau salee ne se peut veoir parmy la douce sinon quant on les faict bouillir: alors leau salee se congele, & l'autre sexale se conuertissant en vapeurs. Leau congelatiue est quelquefois pierreuse, quelquefois metalique: cest à dire elle engendre quelque metal, comme l'or, l'argent, le cuiure, l'estain, le plonb, & autres metaux selon la matiere & nature des terres qu'elle passe: Aristote mesme, liure 4e. des Metheores, dit que les metaux qui sont dissouz & liquefiez par le feu sont engendrés principalment d'eau congelatiue, attribuant à la terre la congelation des mineraux qui sont dissoubz par leau.

Ledict Palissy raporte qu'on a autrefois trouué proche les quarrieres d'ardoises, des bras humains metalisez & transmués en cuiure ou erain: on en trouue assés de petrefiez. Il rapporte aussi qu'il s'est trouué vn pau planté en vn estang, duquel la partye de dessoubz, questoit fichee en terre, estoit metalisee & transmuee en fer, le milieu d'iceluy pau estoit petrefié, & le dessus d'iceluy qui passoit hors leau estoit encores en sa nature de bois: On voit des fontaines lesquelles petrefient tout ce qu'õ y gette: bois, linge, & autres matieres.

La matiere de tous mineraux est, selon ledict Palissy, vne eau cõgelatiue: & selõ les Phisiciens cest vne vapeur meslee parmy vne exalation salee, prouenant du ventre de la terre, laquelle exalation se resoult en eau auec icelle vapeur pour se congeler en metal: ou bien se cuisant auec la terre s'endurcit, se conuertissant en sel, comme est l'alun, la couperose, sel armoniaque, vitreole & autres: Icelle eau cõgelatiue se cõuertit quelquefois en pierres de plusieurs façons. Ils donnent mesmes raisons du soufre

& de l'argent vif, qu'ils appellent le Mercure, dautant qu'ils attribuent l'action & generatiõ de ce metal à Mercure, & dient que tous les metaux tiennẽt & sont composez d'argent vif & de soufre: mais que la matiere dont est composé l'or est plus noble que nulle autre, estant iceluy composé d'un argent vif plus clair meslé auec vn soufre rouge non bruslant trespur & net & attribuent l'action de sa generation au Soleil. ☉

Et que l'argẽt est engendré d'vn argent vif, blanc & mõdifié meslé parmi vn soufre non bruslant, blanc pur & net. ☾

L'erain & le cuiure sont engendrés d'vn argent vif, qui n'est du tout purifié, & d'vn gros soufre rouge, on attribue sa generation à Venus ♀

Letain est engendré d'argent vif, blanc pur & clair, meslé auec vn soufre grossier & mal purifié. ♄

Le plomb est composé d'argent vif, grossier & mal purifié plain descume, comme aussi d'vn soufre grossier & mal purifié. ♃

Le fer est engendré d'vn soufre grossier bruslant & espes, meslé auec vn peu d'argent vif, grossier & mal purifié. ♂ *. Voila les raisons des anciens Phisiciens touchãt la generation des metaux. Les Modernes referent les generations à leau congelatiue.*

MARGVERITE.

Doù vient que l'or nous est si cher: est ce à cause que n'en auons point de mines en France?

CHARLES.

Cela ne prouiẽt du tout faute d'auoir des mines dor, car aux pays mesmes où il y en a en abondance il ne laisse pour cela d'i estre en grande estime, mais l'or est de requise à cause qu'il est rare & tres-difficile de tirer des mines, qui sõt fort profõdes en ces pays d'Europe: car lors qu'on commance à tirer l'or le plus pur, qu'est fort bas, leau remplit incontinant lesdictes mines, encores qu'auec vne infinité de pompes & d'hommes on se trauaille de la tirer dehors.

L'or est plus aisé à tirer des mines du cousté du Peru qu'en nostre Europe, voyla pourquoy il n'y est tãt de requise: ioinct que ces bonnes gens des terres neufuès mesprisans les richesses, & la vaine gloire, ne perdent l'or en toilles, passemens & dorures comme nous faisons in ces quartiers.

Les mines dargent sont fort profondes aussi : cest pourquoy ce metal est le plus rare apres l'or. Dieu par sa prouidence a ainsi esloingné de nous l'or & l'argent, à fin qu'ils fussent en estime, & que l'hõme eut moyen de trafiquer auec les natiõs lointaines: que si ces deux metaux estoient trop cõmuns il faudroit qu'vn marchant qui veut voyager iusques à deux ou trois cens lieües, tresnast apres soy vne cherrete chargee de mõnoye pour faire ses despens simplemẽt, que seroit vne tres-grande incommodité à l'hõme, estant plus expedient que lor & largent soient rares, & de porter deux ou trois mil escus en vne bource.

MARGVERITE.

Ie vois maintenãt que Dieu na riẽ fait que pour le biẽ & vtilité de l'homme, & que la peine qu'il prẽt à ioüir de quelque bien & tresor luy retourne en fin à vne cõmodité grande : ce qu'ay remarqué en tout le discours qu'aués fait du Globe du mõde, lequel discours ma pleu infinimẽt : dautãt que par iceluy i'ay cogneu les merueilles de Dieu, lequel par sa prouidence nous regit & gouuerne, ayant tout creé pour l'vsage de l'homme : Loüons le donc de tant de biens qu'il nous fait chacũ iour, le suppliãs nous faire la grace qu'apres qu'aurõs regné quelque temps en ce mõde terrestre nous ioüissions eternelment du Royaume des cieux.

FIN.

TABLE DES CHOSES CONTENVES en ce liure du globe.

LIVRE PREMIER.

Du Firmament feuillet 2
Des 7. cieux des planettes. 3
La terre suspendue en lair. 3
Chacun est droict sur la terre. 4
Du iour & de la nuict. 4
De la rondeur de la terre. 5
La terre est vn globe rond. 5
De la rondeur de leau. 6
De l'eclipse de lune. 6
De l'Eclipse de Soleil. 7 & 8
Des deux points ecliptiques. 8
Du chef & de la queue du Dragon. 9
Du defaut de la lune en terre. 9
Et de la croissance d'icelle. 10
Des mutations de la lune. 10
Des 5. regions terrestres. 11
Pourquoy le Soleil échauffe la terre en vn androit plus qu'en l'autre. 11 & 12
Des 5. regions celestes. 12 & 13
Des 5. zones ou regions celestes. 13 & 14
Du zodiac, & des cercles que décrit le Soleil en la zone torride. 14 & 15
L'an n'est qu'vne reuolution du Soleil. 15
Du Bisexte. 16
Des deux mouuemens du planete. 16
Du mouuement du Soleil. 17
Du mouuement du Soleil passant par les douze signes du zodiac, 17 & 18
Des douze signes du zodiac. 18
Et de leurs noms. 19
Des douze signes du zodiac, 19
Et largeur d'iceluy. 20
De l'egalité & inegalité 20
Des iours & des nuictz. 21
De l'equinoctial ou l'equateur. 22
De lhorison 22 & 23
De l'inegalité des iours & des nuictz. 24
Du cercle meridien ou cercle de midy. 25
L'eleuatiõ du pol cause le declin de l'equinoctial. 26
De lestoille de Nort monstrant de nuict le pol & les heures. 27
De la premiere garde monstrant l'heure. 27
Des cercles de la sphere. 28
Pour bastir vne sphere materielle. 28 & 29

Table du 2. liure.

Du triple mouuemẽt du ciel estoillé. 30 31 & 32
Le mouuement du huictiéme ciel change les equinoxes & solstices. 33 & 34
De la rondeur du ciel, 34 & 35
Des estoilles fixes & des figures celestes. 36
Des signes & figures celestes. 36
Des constellations du huictiéme ciel, 37
Du chemin Sainct Iacques dict en latin via lactea. 38
Du cours naturel des sept planetes. 39
De la couleur & grosseur des planetes. 40
De la situation du Soleil, & de lexcentrique d'iceluy. 40 & 41
Les cieux des planetes sont cõposez de trois spheres. 41 & 42
Le Soleil suyt lecliptique, tirant de midy à Septentrion. 42 & 43
Le corps du Soleil apparoit plus gros en yuer qu'en esté. 43 & 44
De lepicycle du planete. 44 & 45
Des stations directions, & retrogradations du planete. 45 & 46
table des hauteurs du planete. 46
La terre comparee au ciel n'est qu'vn petit point. 47
Des longues eclipses de lune. 48
De l'usage des Ephemerides. 49
Pour iuger du beau & de la pluye. 49
De l'influence des planetes. 50
Des douze maisons du planete, & de la disposition d'icelles. 50 & 51
Il y a 6. maisons sur terre & 6. dessouz. 51
Du regne & domination du planette. 52
Des heures planetaires 52
Des efectz des planetes. 53 & 54

Le temps propre pour seigner. 54
Des efectz des signes & planetes. 55
De la vertu & efects des estoilles fixes, auec la table des lõgueurs & largeurs d'icelles. 56

Table du 3e. liure.

Les 4. elemens sont composés les vns des autres. 57 & 58
Des 3. regiõs de lair & qualités d'icelles. 59
Des nuees, & de la pluye. 59 & 60
De la gresle & de la neige. 60
Des rosees & brouillars. 61
Des vens & generations d'iceux. 61
Des qualités des vens. 62
Les noms des vens. 62
Du tonnerre. 63
La cause du tounerre & efects d'iceluy. 64
De lesclair du tonnerre. 64
Des impressions de feu & des cometes qu'on voit en lair. 65
De larc celeste. 66
Des couleurs de larc celeste. 66
On peut veoir trois arcs au ciel. 67
De la corõne celeste & du double Soleil. 68
Du diametre de la terre & circuit d'icelle. 69
La terre est infinie 69
Il est plus de terre que deau, 70
La carte de l'europe. 70
Les Royaumes de l'europe. 71
La carte Gallicane. 71
Les Prouinces de la France. 72
De la Germanie. 73
Des pays de l'Europe. 73
La diuision d'Europe & d'Asie. 74
De l'Afrique & pays d'icelle. 74
De l'Amerique & du Peru. 75
Des six partyes de la terre, & des climats d'icelle. 75 & 76
Du iour naturel & artificiel. 76
Le iour ciuil & astronomique. 77
L'astronomye est vne science necessaire à l'homme d'honneur. 77 & 78
De l'vsage de la boussole, & autres instrumens marins. 78 & 79
Des vens marins & des noms diceux, 79 & 80
L'astronomye est du tout necessaire aux grãdes nauigations. 80 & 81
Du flus & reflus de la mer. 81 & 82
Pour sçauoir cõbiẽ la lune a de iours. 82 & 83
Des iours de chacun mois 83
Doù vient que la mer est salee. 84
Des marés de Brouage. 84
Le Pilot doit estre prouident. 85
Presage de la pluye. 85
Des vens & tempestes. 86
Des fõtaines & des sources d'icelles. 86 & 87
Des eaux froides & chaudes. 87
Des tremblemens de terre. 88
De la generation des pierres, & des mineraux. 89
De leau congelatiue. 90
De la generation de l'or, de l'argent & autres metaux, 90 & 91

Fin de la table.

Il y a quelques omissions en ce present liure, cõme aussi quelques mots changés: voyéz le feuillet 17. page 2. où parlant des minutes proportionelles vous trouuerés perpetuellement distribuees au lieu de proporrionellement. Au feuillet 72. page 2. vous trouuerés Gaule belgique & faut dire Celtique. Au feuillet 78. parlant de lage d'or. faut y adiouster la gloze qui sensuyt.

Ie sçaiy qu'il n'y auoit n'y Iuges n'y laboureurs en l'age d'or premier duquel parle Ouide en sa Metamorphose, dautant qu'vn chascun estoit equitable, & que la terre rendoit son fruict sans estre cultiuee: mais le mesme Ouide au premier des fastes faict vn second age d'or, à sçauoir lors que Rome cõmença d'estre habitee, où il dit que les Iuges rẽdoiẽt leurs iugemens ayant laissé la cherrue, & que cestoit vn grand crime de posseder ou manier vne piece d'argent.

Il y a aussi quelques lettres changees & transposees, mais la faute est aisee à corriger.

Pour ceux qui n'entendent l'Aritmetique.

Tous les nombres du monde sont signifiés par ces neuf chiftes

vn	deux	trois	quatre	cinq	six	sept	huict	neuf.
1	2	3	4	5	6	7	8	9.

Pour faire dix il faudra establir vn second lieu auquel chacun chiphre vaudra dix fois soy-mesme, lequel lieu on nommera dizaine. Et faut noter que la lettre O. ne sert en chiphre que pour mõstrer le lieu auquel iceluy chiphre est posé, ne pouuant augméter nostre conte.

Dizaine.	Nõbre.	1 D.N.	2 D.N.	3 D.N.	4 D.N.	5 D.N.	6 D.N.	7 D.N.	8 D.N.	9 D.N.
1. en la dizai. vaut dix. 1	0.	1 1.	1 2.	1 3.	1 4.	1 5.	1 6.	1 7	1 8.	1 9
Le 2. y vaut vingt. 2	0.	2 1.	2 2.	2 3.	2 4.	2 5.	2 6.	2 7	2 8.	2 9.
Le 3. iii. dix ou trẽte. 3	0.	3 1.	3 2.	3 3.	3 4.	3 5.	3 6.	3 7	3 8	3 9.
Le 4. y vaut quarante. 4	0.	4 1.	4 2.	4 3.	4 4.	4 5.	4 6.	4 7.	4 8.	4 9.
Le 5. y vaut cinquãte. 5	0.	5 1.	5 2.	5 3.	5 4.	5 5.	5 6.	5 7.	5 8.	5 9
Le 6. six dix ou soixã. 6	0.	6 1.	6 2.	6 3.	6 4.	6 5.	6 6.	6 7.	6 8.	6 9.
Le 7. y vaut septẽte. 7	0.	7 1.	7 2.	7 3.	7 4.	7 5.	7 6.	7 7.	7 8	7 9.
Le 8. y vaut octante. 8	0.	8 1.	8 2.	8 3.	8 4.	8 5.	8 6.	8 7	8 8.	8 9.
Le 9. y vaut neuf dix ou nonãte. 9	0.	9 1.	9 2.	9 3.	9 4.	9 5.	9 6.	9 7	9 8.	9 9.

Pour faire cent il faut establir encores vn lieu premier que la dizaine, qu'õ nommera centaine, auquel chacun chiphre posé vaudra cent fois sa [illegible].

Cẽtaine.	Diz.	Nomb.	c. i.	c. ii.	c. iii.	c. iiii.	c. v.	c. vi.	c. vii.	c. viii.	c. ix.
1	0	0	101	102	103	104	105	106	107	108	109
1	1	0	111	112	113	114	115	116	117	118	119
1	2	0	121	122	123	124	125	126	127	128	&c.

200.	300.	400.	500.	600.	700.	800.	900.
Deux cẽs.	Trois cẽs.	Quatre cẽs.	Cinq cẽs.	Six cẽs.	Sept cẽs.	Huict cẽs.	Neuf cens,

Pour faire mil il faut establir encores vn lieu premier que la centaine, qu'on nõme mil, auquel lieu le chiphre posé vaudra mil autant de fois que la valeur d'iceluy chifre.

Mil.	Cẽt.	Dizaine.	Nõb.					
1	0	0	0	2000.	3000.	4117.	6350.	&c.
Mil.				deux mil.	Trois mil.	iiii. M.C.xvii.	vi. M iii. c.l.	

On peut encore establir vn lieu par dessus les milles où seront les dizaines de mil. 10000. Si on establit vn lieu par dessus les dizaines de milles le chifre posé en iceluy lieu vaudra cent mille fois soy mesme & sera cent mille. 100000.

On peut encores faire vn lieu par dessus les centaines de milles pour mettre les dix cens milles ou milions 1000000. & augmenter tousiours ce nombre tant qu'on voudra.

1592.

www.ingramcontent.com/pod-product-compliance
Ingram Content Group UK Ltd.
Pitfield, Milton Keynes, MK11 3LW, UK
UKHW021124220726
13924UKWH00004B/1903

9 782019 222468